Wittgenstein e bioética

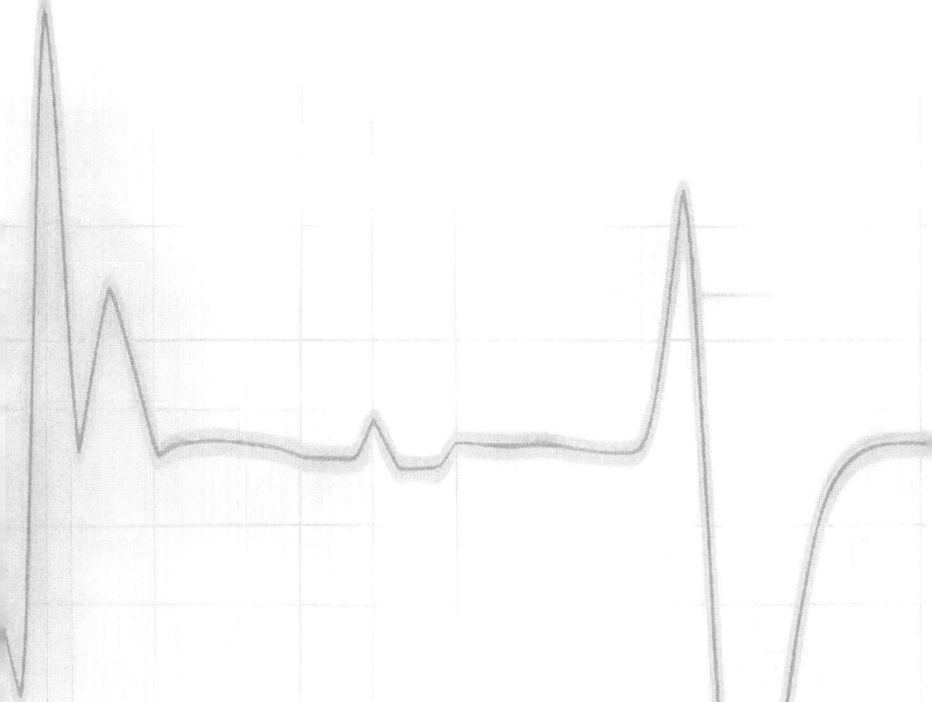

Daiane Martins Rocha

Wittgenstein e bioética

Reflexões filosóficas
acerca da
prática clínica

Edições Loyola

Dados Internacionais de Catalogação na Publicação (CIP)
(Câmara Brasileira do Livro, SP, Brasil)

Rocha, Daiane Martins
   Wittgenstein e bioética : reflexões filosóficas acerca da prática clínica / Daiane Martins Rocha. -- São Paulo : Edições Loyola (Aneas), 2024. -- (Enfoques e Perspectivas)
   ISBN 978-65-5504-413-3
   1. Bioética 2. Linguagem (Filosofia) 3. Wittgenstein, Ludwig, 1889-1951 I. Título. II. Série.

24-231720   CDD-174.2

Índices para catálogo sistemático:
1. Bioética   174.2

Eliete Marques da Silva - Bibliotecária - CRB-8/9380

Preparação: Mônica Glasser
Capa: Ronaldo Hideo Inoue
   Ludwig Wittgenstein (1889-1951), detalhe da foto tirada em 1930 por Moritz Nähr (1859-1945), *Österreichische Nationalbibliothek* (Viena), Wikimedia Commons. Composição a partir de montagem com a ilustração generativa de © Lila Patel/Adobe Stock.
Diagramação: Desígnios Editoriais

Edições Loyola Jesuítas
Rua 1822 n° 341 – Ipiranga
04216-000 São Paulo, SP
T 55 11 3385 8500/8501, 2063 4275
editorial@loyola.com.br
vendas@loyola.com.br
www.loyola.com.br

Todos os direitos reservados. Nenhuma parte desta obra pode ser reproduzida ou transmitida por qualquer forma e/ou quaisquer meios (eletrônico ou mecânico, incluindo fotocópia e gravação) ou arquivada em qualquer sistema ou banco de dados sem permissão escrita da Editora.

ISBN 978-65-5504-413-3

© EDIÇÕES LOYOLA, São Paulo, Brasil, 2024

In memorian de Leo Pessini e Edmund Pellegrino,
pelo amor à vida, à docência e às pessoas:
inspiração para os que ficam.

Agradecimentos

Gratidão pelo amor e pela sabedoria divina com os quais somos todas e todos agraciados para escrever, viver e agir de modo a contribuir para uma sociedade mais justa, amorosa e solidária.

Aos meus pais, Edir e Madalena, pela vida e por serem fontes de meu primeiro contato com o que é o cuidado e a consideração pelas pessoas.

A meus amigos e amigas tão preciosos, em especial a Francielli Nunes, por todo acolhimento e apoio, e ao amigo e professor Daniel Luís Gonçalves Cidade, por tantas conversas sobre filosofia, vida, sentido e pós-modernidade, e também pelas risadas, afinal, rir é um ato de resistência, como diria Paulo Gustavo.

Pelo apoio psicológico de Greici M. Bussoletto nos momentos em que mais precisei de cuidado.

Ao professor Lovo, que, ao iniciar uma parceria entre a UNIR e o programa de pós-doutorado em Bioética da PUC PR, durante seu período na chefia do departamento, motivou-me a retomar meus projetos.

A todas e todos os colegas do *campus* de Cacoal e aos estudantes da Universidade Federal de Rondônia, pois é um privilégio lecionar e aprender com vocês: vocês me instigam!

> "Qual é o uso do estudo de filosofia […], se isto não faz melhorar seu pensamento sobre importantes questões da vida cotidiana?"
> Wittgenstein

Sumário

Apresentação 13

Introdução 15

1 O *status* da ética na obra de Wittgenstein: a distinção entre fatos e valores 19

1.1. O *status* da ética em dilemas de vida e morte 25

1.1.1. O modelo de evidência formal e o modelo de julgamento especializado 27

1.1.2. Fatos e sensibilidade em bioética 36

1.1.3. A dinâmica da moral em relação aos cuidados no fim da vida 38

1.1.4. A problematicidade do conceito de pessoa e a ética: como agir em relação a crianças com graves problemas neurológicos? 43

1.1.5. O bioeticista como especialista moral: há um modo correto de agir? 48

1.1.6. Estaria Wittgenstein defendendo a impossibilidade de uma justificação moral? Considerações sobre a proposta particularista 53

2 Se não há valores absolutos, como seria possível seguir regras, princípios ou modelos em bioética? 59

2.1. Seguir regras e o papel das práticas na bioética 60

2.1.1. Seguir regras 61

2.1.2. O papel das práticas na bioética 71

2.1.2.1. O papel das virtudes morais 74

2.2. Tipos de teoria moral 79
   2.2.1. O utilitarismo 80
   2.2.2. O principialismo e o princípio da utilidade sob um olhar wittgensteiniano 88
   2.2.3. A ética de Kant sob a perspectiva wittgensteiniana ... 91
   2.2.4. A casuística 100
2.3. Beneficência e paternalismo 104
2.4. O princípio da autonomia e o conceito de pessoa 112
2.5. Condições para o consentimento informado 116

3 Contribuições wittgensteinianas para a bioética global   119

3.1. Bioética global: Potter 119
3.2. O anticientificismo ético e a perspectiva wittgensteiniana da noção de progresso 122
3.3. A influência de Spengler no pensamento de Wittgenstein e a perspectiva da bioética global 130
3.4. A ética diante das limitações da ciência e da técnica   135

4 Wittgenstein e os princípios da bioética 139

4.1. Como justificar conclusões morais? 139
4.2. O niilismo normal, formas de vida e a "doença filosófica"   143
4.3. Críticas ao principialismo e algumas respostas 159
   4.3.1. A crítica de L. Pessini ao principialismo (ou ética *made in USA*) e a necessidade de uma bioética latino-americana 160
   4.3.2. As críticas de Pellegrino e de Engelhardt ao principialismo 165
   4.3.3. Ética clarificatória *versus* princípios 172
   4.3.4. Uma leitura "clarificatória" (ou wittgensteiniana) dos princípios 176

Considerações finais 183
Referências bibliográficas 189

Apresentação

Quando comecei a escrever este livro, pensei primeiramente em escrever algo que situasse o leitor acerca do pensamento de Wittgenstein e suas contribuições para questões contemporâneas da bioética. Como há pouca reflexão no Brasil nesse aspecto, fiz um apanhado de algumas reflexões que pensadores publicaram em língua inglesa, a fim de que essas contribuições dialoguem com as necessidades bioéticas das práticas clínicas.

O pensamento desse autor se tornou para mim uma ferramenta imprescindível para pensar questões culturais, éticas, de cuidado e sentido no que se refere às grandes questões bioéticas que permeiam nossa realidade. Sua filosofia da linguagem, mesmo com diferentes etapas, ou "primeiro e segundo Wittgenstein", como se costuma dizer, traz clarificação para a tarefa da filosofia e seu modo de contribuição às diferentes ciências e áreas do conhecimento.

Minhas pesquisas atuais envolvem bioética na Amazônia e a valorização dos saberes populares, guiados pela reflexão sobre epistemologias do Sul, organizada por Boaventura de Sousa Santos e Maria Paula Meneses. Contudo, mesmo a bioética nesse sentido amplo, pensado nos primórdios do uso desse termo, por Fritz Jahr, Potter e outros, depende desse "tornar claros e delimitar precisamente os pensamentos, antes como que turvos e indistintos", do qual fala Wittgenstein; tarefa que a filosofia assume com pleno fôlego e potencialidades.

Os escritos que se seguem não pretendem ser uma análise exaustiva do pensamento de Wittgenstein, visto que outras obras já se propõem a essa tarefa, mas sim uma reflexão inspirada nas ferramentas filosóficas proporcionadas por esse autor ou na "escada" que ele nos convida a subir em sua obra *Tractatus Logico-Philosophicus*, para esclarecer importantes nuances de temas contemporâneos de bioética clínica. Desse modo, o presente livro que lhes entrego é fruto de pesquisas que iniciei em meus estudos de mestrado e doutorado há uns tantos anos, mas que pude retomar agora, depois de muitas pesquisas e esclarecimentos da linguagem, da cultura, da ética e da vida. Que o desfrutem!

Introdução

O filósofo Ludwig Wittgenstein viveu entre 1889 e 1951, em Viena, na Áustria. Já a bioética, apesar de muitas publicações anteriores sobre o tema, é uma área que começa a ganhar espaço principalmente a partir de 1970, com a publicação de *Bioética: ciência da sobrevivência*, do bioquímico estadunidense Van Rensselaer Potter[1]. Mesmo com certa distância temporal entre a consolidação da bioética como área de estudo e o pensamento de Ludwig Wittgenstein, o trabalho do filósofo austríaco e suas reflexões acerca do *status* da ética e do papel da filosofia como crítica da linguagem são grandes ferramentas para a investigação acerca de temas bioéticos, sobretudo, pelo papel que ele atribui à filosofia de esclarecer os pensamentos[2].

---

1. Embora depois se tenha constatado que esse termo havia sido utilizado pela primeira vez em 1926, na publicação do artigo *Bioética: uma revisão do relacionamento ético dos humanos em relação aos animais e plantas*, do teólogo alemão Fritz Jahr.
2. As obras de Wittgenstein que guiam a maior parte das discussões trazidas neste livro são *Tractatus Logico-philosophicus* (1921), *Conferência sobre Ética* (uma conferência dada por Wittgenstein entre 1929 e 1930, e posteriormente transcrita e publicada),

De acordo com a abordagem trazida por Wittgenstein, o papel da filosofia seria de discutir as várias nuances que o mesmo caso pode ter e perceber o maior número possível de fatores envolvidos, sem pressupor que possa haver proposições éticas que expressem algum valor absoluto no mundo, isto é, que se possa ter uma resposta última e decisiva aplicável aos dilemas morais concernentes à vida humana. O que podemos ter são esclarecimentos sobre as situações pelas quais o ser humano passa e esboçar formas de lidar com essas situações, que jamais serão respostas como as que conseguimos por meio da ciência moderna. Que a lei da gravidade atua na terra é algo que se pode comprovar em laboratório, ou mesmo a olho nu, mas que o aborto seja errado ou imoral, é uma questão delicada, para a qual se pode mostrar inúmeros bons argumentos pró-escolha ou pró-vida, como costumam se intitular os grupos que apresentam tais argumentos, sem que se tenha uma resposta verdadeira ou decisiva sobre o tema que não esteja sujeita a mudanças pelo tempo, pela cultura e pelas especificidades de uma dada sociedade.

Sendo assim, para o autor, seria um erro de linguagem pensar que a ética, ao tratar de valores e não de fatos, possa ter respostas objetivas aos dilemas éticos, como se fosse uma ciência. Nesse contexto, a filosofia seria "uma luta contra o enfeitiçamento do nosso intelecto pelos meios da nossa linguagem"[3].

Investigações filosóficas (publicada postumamente, em 1953) e *Cultura e valor* (notas escritas por Wittgenstein entre 1914 e 1951, reunidas pelo seu compilador Von Wright).
3. WITTGENSTEIN, L. *Investigações filosóficas*, trad. Marcos G. Montagnoli, São Paulo, Nova Cultural, 1996, §109.

Wittgenstein se referia à filosofia como uma atividade ou mesmo uma escada. E é por ela que iremos subir alguns degraus no entendimento de algumas questões bioéticas.

A palavra "bioética" surgiu num contexto amplo de preocupação ética com os avanços tecnológicos e suas implicações na vida humana, animal e em todo o ambiente, como podemos ler nos escritos de Fritz Jahr, Potter e outros[4]. Neste livro, contudo, ela aparece, principalmente, se referindo ao contexto clínico, de momentos difíceis de tomada de decisões na relação entre médico e paciente.

Fiz um levantamento de algumas das que considerei as mais interessantes reflexões sobre questões bioéticas, a partir do pensamento de Wittgenstein, que alguns autores têm feito[5]. A maioria desses autores é de língua inglesa, e não há tradução desses livros e artigos para o português ainda, de modo que espero tornar acessível algumas de suas ideias aos leitores brasileiros que se interessam pelo assunto, mas não o conhecem, por barreiras linguísticas ou mesmo pela dificuldade de acesso a esses materiais.

Desse modo, a estrutura deste livro parte da retomada e da reflexão acerca do uso que alguns autores contemporâneos têm feito dos escritos de Wittgenstein para pensar questões bioéticas; passa pelo aprofundamento de alguns

---

4. Como Aldo Leopold e sua *Ética da terra* (1989), Albert Schweitzer e sua concepção de uma *Ética da reverência pela vida* (1936), entre outros.
5. Esse levantamento e a tradução de textos foram realizados durante meu mestrado em Filosofia na Universidade Federal de Santa Catarina, entre os anos de 2006 e 2008, sendo a pesquisa feita com financiamento da CAPES.

aspectos relevantes para a compreensão do panorama atual da bioética clínica, como a reflexão wittgensteiniana sobre seguir regras e a aplicação dela por James Nelson, ao propor o modelo de julgamento especializado; e, por fim, há uma reflexão acerca da proposta principialista sob a perspectiva de Wittgenstein, visto que essa foi uma das precursoras da abordagem bioética na relação entre profissionais da saúde e pacientes, ou entre pesquisadores e sujeitos de pesquisa, que, por muitas vezes, são também pacientes.

Portanto, a proposta é apresentar algumas reflexões a partir de Wittgenstein para temas de bioética Clínica, visto que seu pensamento filosófico pode ser uma importante ferramenta para pensar diversas questões contemporâneas em que a vida humana e seu sentido, bem como a sua sobrevivência e a dos demais seres vivos, estão em jogo.

1
O *status* da ética na obra de Wittgenstein: a distinção entre fatos e valores

Escrever sobre a distinção entre fatos e valores para Wittgenstein é uma forma de situar o leitor acerca do *status* da ética em sua obra, tanto no primeiro quanto no segundo Wittgenstein (como são referidos os momentos de Wittgenstein, sendo o primeiro Wittgenstein o pensamento do autor na obra *Tractatus* e o segundo, a partir das *Investigações filosóficas*).

A meu ver, a grande contribuição de Wittgenstein para a ética foi ao esclarecer os limites de nossa linguagem e o *status* não proposicional da ética.

Quando compreendemos que não podemos fazer proposições éticas com afirmações comprováveis como a ciência, percebemos que muitos de nossos problemas éticos são, na verdade, pseudoproblemas filosóficos, como escreve o autor. Considerando que uma proposição seja uma sentença passível de ser verdadeira ou falsa, jamais poderei provar que a sentença "o aborto é errado" seja verdadeira ou falsa. Poderei argumentar que não concordo com esta afirmação por tais e tais motivos, ou que concordo por diversas outras razões. Mas em momento algum posso provar que haja uma verdade última sobre esta afirmação, sem apelar à fé, a valores, juízos morais, ou seja lá como eu queira argumentar.

Por isso Wittgenstein traz no *Tractatus* a distinção entre fatos e valores. Sobre os fatos, podemos fazer proposições, como, por exemplo: "Aqui em Florianópolis está chovendo agora". Sendo essa uma proposição, posso averiguar o fato relatado e ver se a proposição é verdadeira ou falsa. Quando nos referimos a fatos do mundo, objetos, seres vivos, acontecimentos etc., é possível fazer afirmações que podem ser verdadeiras ou falsas, o que Wittgenstein chama de "proposições". Ele começa o *Tractatus* escrevendo que "o mundo é tudo o que é o caso". E o que "é o caso" para ele são as proposições da ciência.

Por outro lado, quando nos referimos a valores como bem e mal, belo e feio, justo e injusto, bom e mau, ou sobre o sentido da vida ou valores atribuídos pelo ser humano à sua existência, a rituais sagrados ou à ausência deles, não podemos atribuir valor proposicional. Isto é, quando digo que "matar um animal para comer ou para confeccionar uma roupa ou acessório é errado ou imoral", não estou apresentando uma proposição passível de ser verdadeira ou falsa, e que eu possa comprovar, embora apresente muitos argumentos que o auxiliem a compreender por que considero errado matar animais para alimentação ou para produzir roupas. Posso "mostrar" por que considero errado matar animais, mas não posso "dizer" no mesmo sentido que eu diria que a água ferve a 100° Celsius.

Em suma, eu poderia apresentar a distinção entre fatos e valores no pensamento de Wittgenstein da seguinte forma: os fatos se referem a tudo o que há no mundo e que posso *dizer* por meio de proposições (verdadeiras ou falsas). Os valores se referem a tudo o que está fora dele e apenas posso *mostrar* por meio de minhas práticas, sem que se possam comprovar como verdadeiros ou falsos.

A seguir, há um pequeno quadro comparativo para visualização do que seria a distinção entre fatos e valores, e o dizer e o mostrar para Wittgenstein, para que, a seguir, possamos refletir sobre o *status* da ética em sua obra:

Fatos	Valores
Tudo o que está no mundo	Tudo o que está "fora" do mundo (o *místico*)
Podemos "dizer" por meio de proposições (podem ser verdadeiras ou falsas)	Podemos apenas "mostrar" por meio de exemplos de nossa prática (não podemos fazer proposições).
Âmbito da ciência	Âmbito da ética, estética, religião etc.

O que Wittgenstein esclarece na sua obra *Tractatus*, e que será muito útil para as reflexões acerca da bioética, é que não existem valores *absolutos* no mundo, ou seja, que não há um valor moral/religioso/estético que seja verdadeiro ou falso, e, por não se encaixarem nesse critério de verdade, não fazem parte do que há no mundo e não podem ser expressos por meio de proposições. Os valores que tentamos expressar pela ética carecem de sentido, na medida em que são tentativas de "dizer algo sobre o sentido último da vida, sobre o absolutamente bom, o absolutamente valioso"[1]. Wittgenstein fala que: "É por isso que tampouco existem proposições na ética"[2], pois a ética tenta dizer algo a respeito de valores, de bom e mau, que não são fatos *no* mundo, não são coisas que se possa descrever por meio de uma proposição, na medida em que juízos éticos absolutos não podem ser descritos, apenas juízos relativos: "Nenhum enunciado de fato pode ser nem implicar um juízo de valor absoluto"[3], de forma que, mesmo que fizéssemos um livro com a descrição total do mundo, este "não incluiria nada do que pudéssemos chamar juízo ético, nem nada que pudesse implicar logicamente tal juízo"[4]. O que emitimos, então, são juízos de valor relativo, que são contingentes como tudo no mundo. Esses juízos de valor relativo que emitimos não podem ser expressos por proposições, apenas se mostram nas situações por serem intrínsecos aos sujeitos volitivos, de

---

1. WITTGENSTEIN, Conferência sobre Ética, in: DALL'AGNOL, D., *Ética e linguagem. Uma introdução ao* Tractatus *de Wittgenstein*, Florianópolis, Ed. da UFSC/UNISINOS, ³2005, 224.
2. WITTGENSTEIN, L., *Tractatus Logico-Philosophicus*, São Paulo, Edusp, 1993, 6.42.
3. Id., Conferência sobre Ética, ³2005, 218.
4. Ibid.

forma que "nenhuma descrição que possa imaginar seria apta para descrever o que entendo por valor absoluto"[5].

Dessa forma, a impossibilidade de proposições na ética se dá pelo fato de que a ética tenta exprimir algo sobre o sentido do mundo e dos valores, em relação aos quais Wittgenstein afirma que não podem ser ditos sem que virem contrassensos, e, já que só podemos fazer proposições sobre o que há no mundo, as proposições da ética seriam, na verdade, pseudoproposições, na medida em que são a tentativa de dizer algo que não é um fato do mundo, que não faz parte da configuração dos fatos. Sendo assim, "No mundo tudo é como é, e tudo acontece como acontece; não há *nele* nenhum valor"[6], de forma que não se pode expressar com sentido experiências éticas; inclusive, teorias éticas são inviabilizadas por tal distinção tractatiana entre fatos e valores.

> Em outras palavras, vejo agora que estas expressões carentes de sentido não careciam de sentido por não ter ainda encontrado as expressões corretas, mas sua falta de sentido constituía sua própria essência. Isto porque a única coisa que eu pretendia com elas era, precisamente, *ir além do mundo*, o que é o mesmo que ir além da linguagem significativa. Toda minha tendência – e creio que a de todos aqueles que tentaram alguma vez escrever ou falar de Ética ou Religião – é correr contra os limites da linguagem. […]

---

5. Ibid., 224.
6. WITTGENSTEIN, *Tractatus Logico-Philosophicus*, 6.41, grifo do autor.

A Ética, na medida em que brota do desejo de dizer algo sobre o sentido último da vida, sobre o absolutamente bom, o absolutamente valioso, não pode ser uma ciência. O que ela diz nada acrescenta, em nenhum sentido, ao nosso conhecimento, mas é um testemunho de uma tendência do espírito humano que eu pessoalmente não posso senão respeitar profundamente e que por nada desse mundo ridicularizaria[7].

Em suma, para Wittgenstein, a ética, assim como a estética, faz parte do âmbito dos valores, de algo que está fora dos limites do mundo, ao que ele se refere como *místico*. Fazendo essa distinção entre o âmbito dos fatos e o âmbito dos valores, o autor acaba nos esclarecendo o porquê de, mesmo com tantas teorias éticas, o ser humano ainda enfrentar tantos problemas morais. Porque a ética faz parte do âmbito dos valores, desse âmbito místico tão importante para o ser humano, mas para o qual não temos comprovações ou resposta últimas.

Sendo assim, embora não seja o objetivo deste livro fazer um aprofundamento sobre o *dizer* e o *mostrar* em Wittgenstein, é importante que o leitor leve em conta essas distinções esclarecidas acima, pois, ao longo desta obra, serão feitas várias menções ao *status* não proposicional da ética, ou ao seu caráter não cientificista, fruto dessas distinções.

---

7. Id., Conferência sobre Ética, [3]2005, 224.

1.1. O *status* da ética em dilemas de vida e morte

O professor estadunidense Carl Elliott[8], um dos principais autores contemporâneos que procuram explicitar os modos nos quais Wittgenstein pode nos ajudar a pensar sobre bioética clínica, ressalta que, para Wittgenstein, ética era uma ocupação intensamente pessoal, profundamente séria, que não é simplesmente sobre boa conduta e bom caráter, mas sobre o sentido da vida, o estado de uma alma ou, como ele frequentemente expunha, sobre ser decente. Porém a forma que a bioética frequentemente toma é a de um tipo de documento escrito, anônimo, impessoal, pelo qual se adverte como as pessoas devem se comportar. Assim, ainda com Elliott, a combinação entre Wittgenstein e a bioética pode não ser tão excêntrica quanto inicialmente parece. Enquanto é verdade, por exemplo, que Wittgenstein produziu poucos escritos formais sobre ética, existe também um forte senso de que a ética permeia a totalidade de seu trabalho. De fato, ele reivindica que o ponto do *Tractatus Logico-Philosophicus*, apesar da aparência de um denso tratado de lógica e linguagem, era fundamentalmente ético[9].

---

8. Carl Elliott é autor do livro *Slow Cures and Bad Philosophers* [Curas lentas e maus filósofos], Durham/London: Duke University Press, 2001.
9. Conforme se sabe pela carta escrita a Von Ficker antes da publicação do *Tractatus*, em que Wittgenstein diz que a parte mais importante dessa obra é justamente a que não está escrita: "Meu trabalho consiste em duas partes: uma que é apresentada aqui, mais tudo aquilo que eu não escrevi. E é precisamente

Elliott nos chama a atenção para o fato de que Wittgenstein trabalhou em um hospital durante a Segunda Guerra Mundial, e por um tempo considerou seriamente desistir de seu cargo de professor de filosofia para ir à escola de Medicina[10]. O autor sustenta ainda que, mesmo que esta informação possa ser vista como um fato relativamente trivial sobre a vida de Wittgenstein, está associada a uma profunda sensibilidade do autor, e mostra que era desejo dele fazer um trabalho que fosse útil.

Segundo Elliott, Wittgenstein desencorajava seus estudantes a fazerem filosofia e algumas vezes os persuadia, ao invés disso, a fazerem trabalhos manuais. Wittgenstein desistiu da filosofia depois de escrever o *Tractatus* e tornou-se professor de uma escola onde lecionava para filhos de camponeses na área rural da Áustria. Precisava fazer um trabalho útil, que parecesse estender sua visão de filosofia como bem. Em uma carta a Norman Malcolm, Wittgenstein escreveu: "Qual é o uso do estudo de filosofia se tudo que este faz por você é torná-lo capaz de falar com alguma plausibilidade sobre algumas complicadas questões de lógica etc., e se isto não faz melhorar seu pensamento sobre importantes questões da vida cotidiana?"[11].

Para Elliott, a bioética, mais que muitas áreas da filosofia, almeja ser útil. Mesmo o mais especulativo trabalho em

---

  esta segunda parte que é a importante" (cf. CRARY, A.; RUPERT, R. [Ed.], *The New Wittgenstein*, London, Routledge, 2000, 152, tradução nossa).
10. Cf. ELLIOTT, *Slow Cures and Bad Philosophers*, 2001, 2.
11. MALCOLM, N., *Ludwig Wittgenstein. A memoir*, Oxford/New York: Oxford University Press, 1984.

bioética pretende melhorar nosso entendimento sobre a vida cotidiana. Portanto, Elliott escreve que seus trabalhos de produção e organização de artigos sobre Wittgenstein, medicina e bioética não almejam dizer qual é a visão de Wittgenstein ou seu caráter, ou mesmo o que ele possa ter pensado sobre bioética, mas como o trabalho de Wittgenstein pode nos ajudar a pensar melhor e mais claramente sobre bioética e prática médica.

Apresento, a seguir, alguns autores que, inspirados em reflexões presentes nas obras de Wittgenstein, já têm desenvolvido aplicações do pensamento de Wittgenstein à bioética de modo geral.

1.1.1. *O modelo de evidência formal e o modelo de julgamento especializado*

James L. Nelson, em seu artigo *Ao contrário das regras de cálculo?*[12], escreve que, devido à indeterminação das regras[13] para a tomada de decisões morais, não se pode simplesmente utilizar uma fórmula, mas deveria ser desenvolvido um senso para considerar o significado das circunstâncias particulares da situação dos pacientes e de suas doenças. Para defender sua posição, o autor lembra a *phronesis* aristotélica,

---

12. Nelson, J. L., "Unlike Calculating Rules"? Clinical Judgment, Formalized Decision Making, and Wittgenstein, in: Elliott, *Slow Cures and Bad Philosophers*, 2001, 48-69.
13. Sobre indeterminação de regras, conferir adiante, no capítulo 2, que trata, entre outros temas, da visão de Wittgenstein sobre seguir regras e a indeterminação destas.

invocando a sabedoria prática como importante para discernir qual a melhor ação ou escolha em uma determinada situação, uma vez que a resolução de problemas éticos requer a capacidade de julgar.

Conforme salienta Nelson, agir com sabedoria prática é não se restringir à mera aplicação algorítmica de procedimentos de decisão, e, mesmo que uma pessoa, para fazer um bom julgamento, precise alguns conhecimentos, como, por exemplo, de regras e princípios envolvidos, tomar uma decisão correta na ética biomédica é uma questão de julgamento que exige percepção das particularidades do caso, visto que se trata de pessoas e situações diferenciadas[14]. Ter o máximo de informações sobre o paciente seria outro ponto importante para um melhor julgamento, por ampliar o senso do médico das opções clínicas viáveis.

Nelson fala a respeito de dois modelos de tomadas de decisões: o modelo de evidência formal (*formal evidence model*), cujos defensores são chamados de "formalistas" e o modelo de julgamento, "especializado" (*expert judgment model*). Os formalistas são adeptos de um modelo pelo qual, mediante pesquisas, é feito um levantamento das ocorrências de um caso clínico e de que formas ele foi resolvido, e, a partir desse levantamento, estipulam qual forma de tratar o caso foi a mais eficaz. Assim, o modelo de evidência formal tomaria como procedimento-padrão as atitudes que tiverem obtido melhores resultados em um caso anterior, resolvendo todos os posteriores da mesma forma, ou seja, criando uma regra para a resolução de todos os casos semelhantes que

---

14. Cf. NELSON, "Unlike Calculating Rules"?, 2001.

ocorrerem. Sobre os formalistas, Nelson escreve que, "se pressionados, eles podem admitir que regras derivadas de tal pesquisa não são suficientemente capazes para determinar qualquer decisão clínica"[15]. Desse modo, o autor busca demonstrar a limitação desse modelo, e complementa que é lamentável que a arbitrariedade dessas regras, baseadas em evidências, possa passar despercebidamente por cima de deliberação e decisão. Para Nelson, uma boa prática clínica deve esforçar-se para compreender a maior quantidade de fatores envolvidos possível, e, para isso, um profissional que queira tomar decisões de forma competente deve saber quais procedimentos, para quais indícios, são mais bem sustentados pelos estudos controlados e por outras formas de pesquisa.

Para o segundo modelo apresentado, o de julgamento especializado, "tomar uma boa decisão clínica envolve um tipo de integração entre informação científica e modelos científicos com experiências clínicas e, talvez mais amplamente, compreensão cultural e experiências de vida"[16]. Segundo esse modelo, uma situação clínica não pode ser transformada em informação codificada, explicada em termos de uma regra explícita, pois pode se tratar de pessoas com crenças, vontades e situações diferentes, de modo que apenas um modelo de tomada de decisões, que levasse em conta o maior número de fatores envolvidos, estaria sendo justo com essas pessoas.

Assim, temos aqui confrontados dois modelos possíveis para se pensar nos casos clínicos de ética em pesquisa: o de

---

15. Ibid., 53, tradução nossa.
16. Ibid.

julgamento especializado e o de evidência formal, que James Nelson elucida a partir de observações sobre os escritos de Wittgenstein. Ele vê três temas nos trabalhos de Wittgenstein que podem auxiliar nessas questões sobre bioética e prática médica: i) suas observações sobre ciência; ii) sobre interpretação, ou seguir regras e prática; e iii) sobre julgamento especializado.

No que diz respeito à posição wittgensteiniana sobre o entusiasmo com o método científico, James Nelson começa citando o livro azul, o que abre caminho para sua defesa do julgamento especializado: "Filósofos constantemente veem o método científico sob seus olhos e são irresistivelmente tentados a perguntar e responder questões do mesmo modo que a ciência faz"[17]. O autor segue ressaltando que o método científico seria tão irresistível aos filósofos por ter uma grande história de sucesso epistêmico, que compele convergências e não considera nenhuma barreira cultural. A partir disso, Nelson lembra que, conforme Wittgenstein mostrou, o trabalho da filosofia não é como o da ciência, pois o objetivo da filosofia não é nos proporcionar novos conhecimentos sobre o mundo, mas resolver confusões causadas por nosso mau entendimento do modo de representar o mundo na linguagem, e isso não ocorre por meio da construção de teorias, mas sim prestando atenção no que de fato os seres humanos fazem em situações particulares, usando a linguagem de modos variados[18].

---

17. WITTGENSTEIN, L., *Das Blaue Buch*, Frankfurt, Suhrkamp, 1989, 39, tradução nossa.
18. Cf. NELSON, "Unlike Calculating Rules"?, 2001, 57.

James Nelson traz essa discussão para o contexto da medicina, considerando que, assim como para o filósofo o método científico não é adequado, pois traz generalizações indesejáveis e incabíveis, da mesma forma, na prática médica, generalizações provenientes do método científico não são adequadas, se pensarmos no respeito devido ao paciente em questão. Pois, apesar de os médicos estudarem as ciências da vida e buscarem recursos nos avanços científicos, é importante lembrar que as doenças se manifestam em corpos e em vidas de pessoas particulares, de modo que, pensar nessa relação a partir da generalidade do método científico, estaria desconsiderando que haja diferentes pessoas, pois aborda as doenças isoladamente.

Assim, a principal contribuição de Wittgenstein para esse campo, segundo James Nelson, está relacionada com a crítica à aplicação da generalidade utilizada pela ciência moderna em áreas que se referem a valores, como a ética. Portanto, os métodos da ciência não serviriam para a bioética clínica, uma vez que, nesses casos, assim como para a filosofia, os detalhes são importantes e a ciência, por outro lado, tomaria uma posição de desinteresse quanto aos casos particulares.

James Nelson ressalta ainda que a polêmica gerada por Wittgenstein em torno desse assunto não significa que ele assuma uma posição contra a ciência, mas sim contra o hábito de pensar que a forma científica de ver o mundo seja superior a qualquer outra, e, no caso da prática médica, que o médico se restrinja à consideração dos aspectos científicos, rejeitando as particularidades trazidas por cada paciente enquanto pessoa e os aspectos éticos dessa relação.

Feitos os devidos esclarecimentos de como a posição de Wittgenstein a respeito da ciência nos leva a perceber os limites da mera aplicação do método científico na prática médica, Nelson esclarece como os comentários desse autor sobre seguir regras fomentam seu posicionamento em relação aos modelos de tomadas de decisões.

Para demonstrar suas objeções ao modelo formal de tomada de decisões, que segue a forma científica de ver o mundo, Nelson cita Wittgenstein: "São necessárias, para estabelecer uma prática, não só regras, mas também exemplos. As nossas regras têm lacunas e a prática tem que falar por si mesma"[19]. A partir desta citação, podemos perceber que a ênfase da defesa de Nelson é em uma prática médica humanizada, que, embora se baseie em práticas responsáveis, levando em conta casos anteriores e qual a melhor forma de resolvê-los, não restrinja a ação do médico a um procedimento formal, pois a aplicação de uma regra sempre exigirá exemplos, e estes advêm da prática, e não de outras regras. Para esclarecer este ponto, Nelson lembra Kant, que, na *Crítica da razão pura* salienta que o processo de aplicação de conceitos a objetos não pode ser completamente determinado por regras, pois, se esse fosse o caso, cairíamos em um regresso ao infinito, ou seja, cada regra necessitaria de outra regra para sua correta aplicação, e tais regras iriam requerer outras regras para que fossem aplicadas adequadamente, e assim sucessivamente[20].

---

19. WITTGENSTEIN, L., *Da certeza* [*Über Gewissheit*], trad. Maria Elisa Costa, Rio de Janeiro, Edições 70, 1969, §139.
20. Cf. NELSON, "Unlike Calculating Rules"?, 2001, 60.

De acordo com Nelson, por ter grande interesse nessa questão das lacunas existentes nas regras, Wittgenstein acrescenta que, não apenas as regras precisariam de regras para explicar como elas funcionam, mas ainda que qualquer regra poderia ser interpretada de muitos modos. E, para resolver essa questão, Wittgenstein fala da importância das práticas, ou seja, que, para aprender uma regra, o aprendiz deve se inserir em uma comunidade e ver os vários modos como esse grupo age, de modo que a aparente ambiguidade que inicialmente ronda as regras seja dissolvida nessa prática, que seria uma espécie de treinamento social. Nesse ponto, Nelson salienta o que seria a grande diferença entre a maneira de Kant e de Wittgenstein pensarem na indeterminação das regras, pois, enquanto para Kant as pessoas possuem uma faculdade inerente de julgar que as permite saber como seguir uma regra corretamente, para Wittgenstein, padrões de comportamento são instalados e reforçados socialmente, de modo que sabemos como seguir uma regra por meio da prática. Assim, de acordo com Wittgenstein, os exemplos seriam a voz da prática, no sentido de que ajudam a saber como seguir uma regra[21]. Apesar disso, Nelson ressalta que a explicitação de regras pode não ser suficiente no contexto médico e podemos cometer erros, se não dermos a devida atenção para um tipo de treino que não é esgotado quando se ensina às pessoas como seguir a regra, que seria o julgamento especializado. Isso ocorreria porque, além da já mencionada ênfase na importância dos exemplos e da observância das

---

21. Ibid., 61.

práticas, há ainda outro item indispensável que Wittgenstein acrescenta para a aplicação correta das regras: a experiência. Com base nisso, James Nelson reforça sua defesa do julgamento especializado, já que este consistiria em seguir as regras de acordo com a experiência que, no caso, o médico tem, a qual é algo que não pode ser ensinado ou apreendido pela observação de uma tomada de decisão, mas sim fortalecido pela prática diária.

Nelson ressalta que Wittgenstein, na parte II das *Investigações*, deixa bem claro que um julgamento especializado não é algo que se possa ensinar outra pessoa a fazer, ou que o mero seguir regras o permita; julgamento especializado é algo que, embora não possa ser ensinado em termos de um curso, pode ser aprendido pela experiência. Podemos acrescentar ainda que "somente de uma pessoa que é capaz disto e daquilo, que aprendeu e domina isto e aquilo, tem sentido dizer que ela vivenciou isto"[22], e que um julgamento especializado só pode ser feito por quem vivenciou certas práticas e domina tais procedimentos. Segundo Nelson, o que Wittgenstein está nos chamando a atenção é para a existência de práticas humanas nas quais a excelência não é alcançada por regras completamente explicitadas ou pela habilidade de seguir tais regras[23], pois alguns julgamentos especializados conseguem abranger áreas que nenhum sistema ou técnica poderia alcançar.

Desse modo, seguir uma regra é uma prática que aprendemos pelo uso; é como dominar uma técnica, e este é um

---

22. WITTGENSTEIN, *Investigações filosóficas*, 1996, 272.
23. Cf. NELSON, "Unlike Calculating Rules"?, 2001, 65.

dos usos que James Nelson faz do pensamento de Wittgenstein para pensar a bioética, partindo da concepção de que uma regra sozinha é insuficiente para orientar uma ação, abrindo espaço para sua defesa do julgamento especializado, que se contrapõe ao modelo formal de tomadas de decisões.

Todas essas observações auxiliam na resolução de dilemas clínicos na medida em que permitem pensar, por exemplo, sobre a formalização das tomadas de decisões, ou seja, na adoção de regras explícitas em conflitos clínicos.

Assim, a respeito dos modelos de julgamento, Nelson conclui que o modelo de evidência formal pode até ser usado para substituir o modelo de julgamento especializado, porque, como contém orientações a respeito da relação entre sintomas e terapias, ou seja, por possuir regras que nos permitam identificar mais rapidamente os casos clínicos, perdemos menos tempo na identificação do caso e podemos perceber outras características relevantes mais sutis, já que poucas coisas não estariam abarcadas pela regra, o que tornaria a identificação dos casos e seu tratamento mais eficiente. Mesmo reconhecendo a importância do modelo de evidência formal, a defesa que Nelson faz de um julgamento especializado parte do pressuposto de que o modelo formal corta as diferenças na prática, por padronizar o que médicos fazem, descartando as diferenças entre os modos de as doenças se manifestarem na vida de diferentes pessoas, donde se faz conveniente essa discussão a respeito do método científico, das regras e da experiência.

1.1.2. Fatos e sensibilidade em bioética

Outra abordagem wittgensteiniana da bioética é proposta por James C. Edwards, em seu artigo *Religião, superstição e medicina*[24]. O autor inicia dando exemplos sobre o que ele chama de "crenças falsas", mas reconfortantes, como no caso da viúva que conversa com o marido falecido quando vai ao cemitério, como se ele a pudesse ouvir. Edwards denomina fenômenos como esse de "superstições": ações baseadas em crenças confortáveis.

Assim, Edwards acentua as ações humanas como sendo expressões de crenças, e, no caso de dilemas éticos, essas crenças, que ele considera como superstições, acabam se chocando com a aparência racional dos fatos, em que se tem superstição *versus* razão ou ciência. Edwards também usa como exemplo o caso de uma paciente em que ocorreu morte cerebral, mas a família insiste em mantê-la nos aparelhos, pois seu coração ainda bate, e a crença dessa família é a de que o coração é o centro da vida. Para os médicos, essa crença é falsa, pois defendem que o cérebro é o centro da vida; já que, sem ele, a paciente não é capaz de sentir, pensar, desejar etc. Então eles explicam essa situação para a família. O que o autor ressalta sobre isso é que, nesse caso, a sensibilidade é mais importante para a filosofia que avaliar a crença que os diferentes grupos possuem, no caso, a crença dos médicos e dos parentes da paciente.

---

24. EDWARDS, J. C., Religion, Superstition and Medicine, in: ELLIOTT, *Slow Cures and Bad Philosophers*, 2001, 16-32.

O uso que Edwards faz de Wittgenstein para questões desse tipo é a partir da consideração de visões gramaticais diferentes e da primazia da sensibilidade ao invés de crenças para pensar nesses casos; elementos que ele teria buscado nas *Investigações*. Ou seja, a questão não é investigar os fatos que originaram tais crenças ou como essas convicções se estruturaram. A proposta é que se possam ver as coisas diferentemente, mesmo sem renunciar às suas crenças ou convicções, considerando a questão em outros termos. Não é uma disputa sobre quais crenças são verdadeiras e quais são falsas; o conflito nesses casos é mais profundo que alguma crença que possa ser considerada razoável por apelo aos fatos. Considerando, como Wittgenstein, que a ética não trata de fatos como a ciência, o que se tem aqui é "uma colisão de sensibilidades, não uma disputa sobre *Was der Fall ist* [O que é o caso]"[25].

Assim, Edwards conclui seu artigo dizendo que suas reflexões sobre Wittgenstein ajudam a pensar a questão, mas salienta que a filosofia não resolve as dificuldades éticas da vida ou mesmo da prática médica, pois não é esse seu papel. Ele escreve que estudar Wittgenstein mudou seu modo de ver alguns casos; passou a vê-los mais claramente do que costumava ver.

Como bem percebeu Edwards, as dificuldades éticas da vida, seja no contexto biomédico ou no nosso dia a dia, são questões pessoais para as quais não encontramos respostas da mesma maneira que encontramos para as questões científicas.

---

25. Ibid., 30.

1.1.3. A dinâmica da moral em relação aos cuidados no fim da vida

No artigo *Multiplicidade de pacientes, rituais médicos e boa morte*[26], Larry Churchill escreve a respeito de algumas questões polêmicas na prática médica, como os tratamentos intensivos de suporte à vida, sobre a hospitalização prolongada, o cuidado intensivo e a aplicação da técnica de ressuscitação. Por meio de pesquisas, o autor identificou pontos específicos como fatores a serem pensados a partir da perspectiva da ética, como o uso excessivo de tecnologia, a pouca comunicação entre médicos e pacientes ou suas famílias, a incerteza dos médicos sobre os prognósticos e a ignorância por parte dos médicos das preferências dos pacientes sobre o uso de altas tecnologias de suporte da vida, considerando que muitos pacientes morreram depois de hospitalização prolongada ou tratamento intensivo. A partir dessas considerações, Churchill questiona qual seria o tipo de cuidado médico apropriado para o fim da vida, considerando que, por causa dessa pobre comunicação e ignorância sobre os desejos do paciente, muitos deles receberam suporte de vida que não desejavam.

Outro ponto tratado por Churchill é o fato de a prática da medicina ser tão ritualizada. Para o autor, pensar no poder que sempre foi conferido aos rituais médicos talvez nos ajude a compreender por que as preferências do paciente

---

26. CHURCHILL, L. R., Patient Multiplicity, Medical Rituals and Good Dying. Some Wittgensteinian Observations, in: ELLIOTT, *Slow Cures and Bad Philosophers*, 2001, 33-47.

são frequentemente ignoradas, pois esse tipo de prática pode ser vestígio do tempo em que a medicina tinha um aspecto mais de mágica e de religião do que de ciência. Churchill aponta a prática da ressuscitação cardiopulmonar como um ritual médico motivado por evidência científica, que acaba sendo, muitas vezes, uma futilidade, ocorrendo contra a vontade da família do paciente. O autor sugere que os recursos que são utilizados para essa ressuscitação indesejável "atendam a diferentes e melhores rituais"[27].

Então o autor nos fala de um trabalho de discussão, feito por enfermeiras com pacientes e suas famílias, sobre as tecnologias para sustentação da vida, considerando que tecnologias desse tipo devem obter o consentimento esclarecido dos pacientes[28] e que a opinião desses varia quanto ao desejo de receber tratamentos que possam prolongar um pouco sua vida ou têm opiniões diversas quanto ao que seja uma "boa morte". Churchill faz um esclarecimento detalhado de alguns tipos mais frequentes de pacientes e os divide em três grupos, quanto às suas preferências por suporte ou não, por diversas razões.

Segundo o autor, muitas pessoas não aceitam as técnicas de suporte da vida por medo de que se torne algo pior que a morte; um processo sem sentido e caro, já que essas técnicas geralmente podem manter a vida, mas não restaurá-la. Em outros casos, essas técnicas são rejeitadas porque os pacientes pensam nos gastos da família. Esses preferem uma

---

27. Ibid., 35.
28. Sobre consentimento esclarecido e outras formas de obter o consentimento, ver adiante, no capítulo 2.

morte prematura que uma morte protelada, cara, dolorosa ou vegetativa (Churchill classifica esses pacientes como "minimalistas receosos")[29].

Outros pacientes são defensores de todo tratamento que seja para manter suas vidas, por mais caro ou doloroso que seja, pois eles têm toda esperança na tecnologia para restaurar sua saúde, e pagam qualquer preço por isso. Esses pacientes usam muitas vezes a retórica religiosa e falam da "sacralidade da vida", e estão dispostos aos mais intensos tratamentos para preservar suas vidas, mesmo que seja por poucos dias (esses são chamados pelo autor de "vitalistas esperançosos").

Muitas vezes há discordância entre médico, família e o paciente, pois este insiste na continuação de um tratamento que não funciona mais, e, a despeito da opinião médica e da família, quer usar de todo e qualquer meio para tentar sobreviver (isso no contexto estadunidense, em que o princípio da autonomia é muito mais valorizado do que em países da América Latina, que enfrentam um diferente contexto, que muitas vezes inclui escassez de recursos e modelos diferentes dos EUA, como o Sistema Único de Saúde [SUS]).

Outro tipo de reação que costuma haver é a dos pacientes que simplesmente querem morrer na hora apropriada, sem muitos gastos nem muita dor, e com a mínima preocupação possível para a família. Eles buscam perceber qual é a hora de parar, e para isso se baseiam no que os médicos dizem, na família e nos amigos, pois não querem

---

29. Cf. CHURCHILL, Patient Multiplicity..., 39.

antecipar nem postergar a morte (Churchill os chama de "agnósticos ansiosos").

Com isso, o autor mostra que as preferências dos pacientes variam muito, e que isso deve ser considerado pelos clínicos, pois essas preferências costumam ser trivializadas, enquanto, na verdade, deveriam ser consideradas não como meras preferências, mas como valores dos pacientes[30]. Considerando os valores dos pacientes, estariam sendo consideradas as profundas convicções deles, que devem ter peso no processo de decisão. Para exemplificar melhor a diferença entre preferências do paciente e valores, Churchill escreve que tem preferências sobre a cor da gravata dele, mas que tem profundos e firmes valores sobre como ele deve morrer e quanto suporte admite que deva ser utilizado para sua vida, caso venha a adoecer. Na verdade, ele faz uma crítica à tradição paternalista na bioética, que ignora a variedade de valores a respeito do que seria uma boa morte, e cita Arthur Frank: "Cuidado começa quando a diferença é reconhecida"[31].

Para Churchill, o trabalho do segundo Wittgenstein (dos escritos depois do *Tractatus*) pode ser útil para a pesquisa empírica na bioética, na medida em que aborda algumas questões, tais como a atenção aos detalhes e às diferenças, bem como a importância de se dar atenção às práticas, que, no caso de Churchill, seria uma referência a rituais. Outro aspecto apontado pelo autor na obra de Wittgenstein,

---

30. Cf. ibid., 40.
31. ARTHUR FRANK apud CHURCHILL, Patient Multiplicity..., 41, tradução nossa.

mais especificamente nas *Investigações filosóficas*, seria a respeito de seu desdém por generalidade e abstração, que pode servir como um modo de pensar os contratempos mais comuns do trabalho bioético.

De acordo com Churchill, a implicação mais geral da posição antiteórica em relação à ética de Wittgenstein para o contexto da bioética é visível. Além do trabalho empírico, as teorizações sobre bioética enlaçam nossas visões preconceituosas, visto que teorizações sobre bioética também estão sujeitas a essa armadilha da generalização. Então, Churchill escreve que, não apenas as exigências kantianas ou utilitaristas pela ética, mas também as visões principialistas, narrativas, feministas ou pós-modernas[32] podem ofuscar a visão e o pensamento ético, na medida em que nos levam a captar e a repetir cada vez mais os "fatos" de um problema ético, como se esses necessariamente fossem verdadeiros.

O "remédio", segundo Churchill, é um saudável ceticismo sobre nossa habilidade para teorizar sobre essas questões concernentes à ética. Então Churchill conclui que, assim como, segundo Wittgenstein, os filósofos precisam trazer as palavras de volta de seu uso metafísico para o uso cotidiano, os bioeticistas precisariam trazer as teorias éticas de seu uso metafísico para seu uso prático[33].

No capítulo 2, trarei uma maior discussão sobre algumas teorias (bio)éticas, elucidando qual a importância desse "saudável ceticismo" proposto por Churchill, e qual seria o

---

32. No capítulo 2, tratarei de algumas dessas visões éticas.
33. Cf. CHURCHILL, Patient Multiplicity..., 2001, 46.

problema em aceitar uma teoria bioética, tendo em conta a posição anticientificista e antiteórica de Wittgenstein.

1.1.4. A problematicidade do conceito de pessoa e a ética: como agir em relação a crianças com graves problemas neurológicos?

Carl Elliott, em um de seus escritos sobre bioética, intitulado *Atitudes, almas e pessoas: crianças com deficiência neurológica severa*[34], escreve a respeito da dificuldade de definir quais seriam os melhores interesses de uma criança inconsciente devido a graves problemas neurológicos. Crianças nessas condições não possuiriam as capacidades que se costumam afirmar como distintivamente humanas, como as que se atribuem por meio do conceito de "pessoa". Na filosofia analítica, costuma-se empregar esse conceito de "pessoa", mesmo que implicitamente, para se referir a alguém com capacidades como inteligência, autoconsciência, pensamento abstrato, fala, habilidade de se relacionar com os outros etc.[35]. Porém Elliott chama atenção para a postura de Wittgenstein quanto às teorias filosóficas, salientando que não é papel do filósofo refinar ou completar o sistema de regras para o emprego de nossas palavras[36]. Então, não é nada simples aceitar essa definição de pessoa,

---

34. ELLIOTT, C., Attitudes, Souls, and Persons. Children with Severe Neurological Impairment, in: Id., *Slow Cures and Bad Philosophers*, 2001, 89-102.
35. Sobre o conceito de pessoa, ver item 2.4.
36. Cf. WITTGENSTEIN, *Investigações filosóficas*, 1996, §133.

por ela ser bastante problemática, podendo levar a conclusões como a de Engelhardt, de que crianças não seriam pessoas, já que não são livres e completamente responsáveis por seus atos[37]. Assim, com a aceitação desse conceito, nem uma criança seria considerada "pessoa", o que torna o caso ainda mais polêmico para as crianças com graves problemas neurológicos[38].

Elliott aponta ainda que "pessoa" é um termo moral, pois, se aceitarmos que essa se define por suas capacidades, dizer se alguém é ou não uma pessoa responderia também à questão de o que se deveria fazer em casos dessas crianças com problemas neurológicos graves.

Essa noção de "pessoa" é aceita por filósofos, como Bernard Williams, que admite que esse é um conceito ético e que representa uma fusão entre fato e valor[39]. Elliott salienta esse ponto, pois, segundo ele, seria um engano se pensássemos que podemos decidir o que são pessoas por um critério puramente factual. Na sequência, Elliott escreve que a questão não é simplesmente da problematicidade da abrangência do conceito de pessoa, mas do problema ético além desse: os bioeticistas se perguntam a respeito dessas crianças, se, por

---
37. Cf. ELLIOTT, *Slow Cures and Bad Philosophers*, 2001, 91.
38. Conforme examinaremos mais à frente, no item 2.4, segundo o Relatório Belmont, documento que traz princípios éticos e linhas gerais para a pesquisa envolvendo seres humanos, um indivíduo agente é considerado pessoa, mesmo quando sua capacidade de se autodeterminar não está amadurecida ainda, ou quando está prejudicada por alguma doença grave. Ou seja, o respeito à pessoa, enquanto indivíduo agente, inclui a proteção à vulnerabilidade.
39. ELLIOTT, *Slow Cures and Bad Philosophers*, 2001, 92.

exemplo, os médicos devem oferecer suporte a um paciente em estado vegetativo persistente enquanto os parentes quiserem ou, ainda, se poderia ser sugerido usar o coração de uma criança que apresente anencefalia para transplante.

Elliott traz o exemplo de uma família que vai ao hospital celebrar o aniversário de uma criança com anencefalia, apesar de que, a princípio, ela não seria capaz de reconhecer o significado desse evento. Ele escreve que existe certa razão para isso: celebrar o aniversário dessa criança implica que um paciente que apresente o caso de anencefalia seja uma criança como qualquer outra, ou melhor, "celebrar o aniversário de uma criança nesta situação sugere que tenhamos as mesmas atitudes em relação a essa criança que temos com as outras: que essa criança será parte de uma família como qualquer outra [...]"[40]. Mas também pode ser considerado que não há razões para celebrar o aniversário de uma criança para a qual a passagem de outro ano de vida não faz sentido, já que é um ser que não possui córtex cerebral e que possivelmente não pode entender nada do que acontece ao seu redor.

A partir disso ocorre a polêmica discussão sobre o uso de pacientes nessa situação como recurso de órgãos para transplante, opção amplamente recusada pelo desconforto que a mera menção dessa proposta traz, por ser considerada uma crueldade, uma violação de direitos, quando se costuma apelar também para as noções de respeito e de dignidade, pois essa prática toma o paciente com anencefalia como um objeto ou coisa[41].

---
40. Ibid., 94, tradução nossa.
41. Ibid., 97.

Para examinar esse tema, Elliott trata da questão de como nos relacionamos com outras pessoas, o que, segundo o autor, teria a ver com o contexto em que essas relações estão inseridas. "[...] nossa atitude em relação aos outros seres é construída na linguagem que nós usamos para descrevê-los, e a linguagem é arraigada em um modo de comportamento em relação aos outros seres – o que Wittgenstein chama de 'método prático'."[42]

Assim, Elliott usa a noção de "método prático" para dizer que, assim como nossas ações, nossa linguagem tem por base mais os hábitos que a deliberação, de modo que nos relacionamos com os outros seres com base nessas práticas estabelecidas. E com base nessas práticas, filósofos têm tentado nomear o que seriam características cruciais para a moralidade, como consciência, capacidade de falar, capacidade de sentir dor e muitas outras[43].

O autor segue escrevendo que uma característica biológica se torna um elemento de consideração moral quando os seres humanos fazem alguma coisa que os caracteriza, como religião, literatura, artes, rituais, instituições e a própria ética. O significado moral atribuído a essas características biológicas não seria apenas uma constatação sobre o que nos caracteriza como seres humanos, mas também uma forma de vida em que tais capacidades fazem ou não a diferença[44].

Elliott conclui que não existe simplesmente uma atitude moralmente correta em relação às crianças com graves

---

42. Ibid.
43. Cf. ibid.
44. Cf. ibid.

problemas neurológicos, mas sim uma série de atitudes que variam com a particularidade de cada cultura, com seus hábitos e práticas.

Para isso, ele faz menção ao conceito de *Lebensform* ou formas de vida[45], de Wittgenstein, a partir do qual Elliott interpreta que devemos ter um entendimento sobre o propósito e o significado da vida humana em diferentes culturas, e que as crianças referidas seriam consideradas em conformidade com o sentido que se atribui à vida na cultura em que elas foram geradas. Elliott pretende nos ajudar a compreender as contradições internas nas tomadas de decisões clínicas para essas crianças, pois, ainda que uma vida significativa envolva convicções e escolhas que são inacessíveis a uma criança com graves problemas neurológicos, a vida delas pode ter um profundo significado para suas famílias. Por isso a lei brasileira prevê a possibilidade de aborto em caso de bebês anencefálicos, caso seja desejo da mulher gestante, a partir da decisão do Supremo Tribunal Federal, em abril de 2012. Porque o significado atribuído a esse ser dependerá da gestante e de seu contexto social e familiar, que pode ou não se ater ao veredicto da ciência sobre a expectativa de vida extrauterina daquela criança.

Por conta de tantas nuances, aspectos culturais e valores envolvidos no conceito de pessoa, concordo com Elliott e com Bernard Williams que esse é um conceito moral, e, portanto, não deve ser tomada uma definição fechada como verdadeira e decisiva para as decisões clínicas, visto que, em

---

45. No capítulo 4, abordarei as diferentes leituras do conceito de *formas de vida*.

caso como o das crianças com anencefalia, para a maioria das culturas essas crianças são pessoas e membros de suas famílias, que as amam e para as quais elas têm um grande valor, assim como uma criança com plenas potencialidades e condições de saúde; portanto, isso não pode ser tirado delas por um conceito arbitrário que se faça de algo que não tem a objetividade dos fatos, mas se insere no campo dos valores, como bem distingue Wittgenstein[46].

1.1.5. O bioeticista como especialista moral: há um modo correto de agir?

No artigo *Bioética, sabedoria e experiência*[47], Paul Johnston faz uma reflexão sobre a própria bioética enquanto especialidade, constatando que o mundo moderno é o mundo dos especialistas. E, como se tem especialistas para uma grande variedade de áreas, incluindo a ética, Johnston vê a necessidade de retomar Wittgenstein do *Tractatus* para discutir a forma que a bioética tem tomado e, principalmente, o *status* requerido ao que seria o profissional da ética: o bioeticista.

---

46. Há algum tempo escrevi um artigo que pode ser útil ao leitor não familiarizado com essa distinção entre fatos e valores de Wittgenstein, e que queira se aprofundar: *O fracasso das teorias éticas. Uma análise a partir de Wittgenstein*. Disponível em: https://revistas.unicentro.br/index.php/guaiaraca/article/view/1847. Acesso em: set. 2024.
47. JOHNSTON, P., Bioethics, Wisdom and Expertise, in: ELLIOTT, *Slow Cures and Bad Philosophers*, 2001, 149-160.

Wittgenstein ressalta em diversos momentos do *Tractatus*, bem como em outras obras, o erro que se comete ao tratar a filosofia como ciência, aplicando os mesmos métodos científicos à pesquisa filosófica, visto que se trata de âmbitos diferentes, a saber, no caso da ciência, o âmbito dos fatos e a ética dos valores. Johnston salienta que os trabalhos de Wittgenstein são claros em relação a isso: não pode haver proposições na ética, pois ela não trata de fatos do mundo (como a ciência); em outras palavras: "A ética não se deixa exprimir"[48]. Então, o que Johnston faz é ressaltar esse aspecto de que, o que é ético, não pode ser dito, relembrando passagens da *Conferência sobre Ética* e do *Tractatus* para analisar qual seria a função desse profissional que tem sido intitulado bioeticista em muitos hospitais estadunidenses.

Para Johnson, considerar que haja um especialista moral é considerar que ética seja algo que possa ser ensinado, que se possa dizer, com alguma autoridade, como uma pessoa deve agir. Então ele escreve que: "[...] a essência da ética é a reivindicação de que existam modos de agir que todos deveriam reconhecer como certo e errado. Essa reivindicação não pode ser derivada da lógica ou da racionalidade, nem demonstrada com [ou sustentada por] evidência empírica"[49].

O problema é que diferentes indivíduos terão diferentes concepções do que seja o certo e o errado. Esse é um dos pontos pelo qual podem ser apontadas dificuldades na reivindicação de um especialista moral, pois não há garantias de que os desacordos possam ser resolvidos.

---

48. Wittgenstein, *Tractatus Logico-Philosophicus*, 1993, §6.421.
49. Johnston, Bioethics, Wisdom and Expertise, 150, tradução nossa.

A ideia reforçada nesse artigo de Johnston é a de que não há uma ação moral que se possa provar como sendo a correta. O autor aponta ainda que, diferentemente da física ou da medicina, a ética não trata de estabelecer fatos, mas de alcançar uma conclusão sobre como é correto agir, tendo que levar em conta ainda a possibilidade de que não exista um modo correto de agir. Segundo o autor, tentar demonstrar o modo correto de ver as coisas, reivindicando a autoridade de especialista, não faz sentido em ética. Johnston dá como exemplo alguém que tenha certa compreensão de argumentos recentes na questão do aborto e que esse indivíduo entreviste um grande número de pessoas que fizeram, que defendem ou que realizam o aborto; nem por isso ele poderia reivindicar uma autoridade como "especialista em aborto", ou algo assim, pois as conclusões que esse indivíduo tirou das informações obtidas teriam, segundo ele, o mesmo peso que a opinião de qualquer outra pessoa a respeito desse tema. Além disso, outro indivíduo poderia fazer essa mesma investigação e tirar conclusões bem diferentes.

Isso ocorreria pois, como já foi referido por Wittgenstein e retomado por Johnston, os âmbitos da ciência e da ética são diferentes e não podem ser usados os mesmos métodos, pois esta trata de fatos e aquela, de valores. E, não sendo a ética algo observável e "dizível" como os objetos da ciência, não há uma forma objetiva de abordá-la ou de expressá-la, de modo que a ética se mostra de modo muito pessoal e não permite generalizações, tais como as que são feitas no método científico.

Johnston aplica esses argumentos diretamente contra a ideia de um especialista moral em bioética, defendendo que não há nenhuma base para assegurar que, se todos estudarmos bioética, teremos as mesmas conclusões. Ou seja, não há nenhuma garantia de que todos concordariam nem mesmo sobre quais são as principais questões, que visões são dignas de respeito e quais não.

O que Johnston defende, dessa forma, é que não faria sentido que um profissional denominado "bioeticista" reivindicasse um direito especial de iniciar ou guiar um debate em bioética, pois não haveria nenhuma base para isso, e suas observações sobre os dilemas morais da medicina teriam exatamente o mesmo valor que as de qualquer outra pessoa.

Citando Zoloth-Dorfman e Rubin's, Johnston fala sobre a comparação que esses autores fazem do eticista com um navegador que ajuda o capitão, no caso, o médico. Para eles, "o eticista pode oferecer uma direção, visão e mesmo advertir sobre as implicações que uma escolha acarreta"[50]. Johnston cita o exemplo como uma das formas de se pensar nesse profissional, mas ele particularmente não concorda, e faz a ressalva de que o bioeticista pode até auxiliar o médico e os pacientes, mas, mesmo que exerça essa função, o autor recusa que possa ser aceito como um especialista moral.

Embora eu compreenda as ressalvas feitas por Johnston e sua preocupação com a visão que se possa ter do bioeticista como detentor de alguma verdade moral (o que realmente seria problemático do ponto de vista do *status* não proposicional atribuído à ética por Wittgenstein), tendo a concordar com Zoloth-Dorfman e Rubin's. Afinal, a linha de pensamento dos autores nos leva a refletir que um bioeticista

---

50. Ibid., 155.

pode fazer o mesmo papel que Wittgenstein atribui à filosofia: esclarecer os pensamentos.

Nesse sentido, parece bastante importante o suporte que o bioeticista pode dar nos hospitais em auxiliar as pessoas envolvidas, sejam familiares, médicos, pacientes, a perceberem quais de seus valores, preferências, estão em jogo em uma situação clínica, e, a partir daí, não se sentirem tão desamparados na tomada de decisão sobre fazer um tratamento ou não, informar a um paciente terminal de sua condição, entre tantas outras questões éticas que se põem nesse contexto.

Quando o médico simplesmente fala a um paciente ou responsável sobre um tratamento e deixa que este decida se vai fazê-lo ou não, ainda que esteja respeitando a autonomia do paciente do modo que considera suficiente, essa situação pode ser considerada como um abandono moral (como argumentam Pellegrino e Thomasma na obra *Para o bem do paciente*). Nesses casos, conversar com um bioeticista poderia auxiliar muito, tanto os profissionais de saúde, acerca de como lidar com certas situações, tendo mais claras as suas nuances, quanto os pacientes e demais envolvidos.

Como defende Klugman, em seu artigo *Bioeticista: super-herói ou supervilão?*[51], o bioeticista é uma pessoa que pode acabar defendendo tanto atitudes que podem parecer heroicas quanto defender posições questionáveis, mas, sobretudo, o papel do bioeticista seria de ajudar a sociedade a fazer escolhas, ainda que não possa afirmar objetivamente

---

51. *The Bioeticist: Superhero or Supervillain?* Artigo publicado na revista *ASBH Exchange*, v. 10, 2007.

qual a escolha a fazer nos dilemas que a ciência e a tecnologia nos colocam.

1.1.6. *Estaria Wittgenstein defendendo a impossibilidade de uma justificação moral? Considerações sobre a proposta particularista*

Margaret Olívia Little, em seu artigo *Wittgensteinian Lessons on Moral Particularism* [Lições wittgensteinianas sobre particularismo moral][52], escreve que "a bioética, como uma disciplina, nasceu da convicção de que a desordem e a urgência dos dilemas morais encontrados nos assuntos de cuidado da saúde poderiam ser beneficiadas por uma teoria ética sistemática"[53]. Para a autora, discutir bioética é também discutir sobre políticas públicas, e refletir sobre um método em bioética é debater sobre qual o papel das particularidades na tomada de decisões morais.

Segundo Little, o particularismo moral radical sustenta que respostas morais não podem ser apreendidas em uma fórmula geral. Defensores dessa posição afirmam que, não só devemos estar atentos aos detalhes relevantes da situação antes de podermos aplicar alguma regra ou princípio, como também que não existem regras ou princípios capazes de codificar o panorama moral. Nessa perspectiva, é crucial que sejam levados em conta os detalhes contextuais para pensar em questões de moralidade.

---

52. LITTLE, M. O., *Wittgensteinian Lessons on Moral Particularism*, in: ELLIOTT, *Slow Cures and Bad Philosophers*, 2001.
53. Cf. ibid., 161, tradução nossa.

Essa visão radical não costuma ser aceita, sob a justificativa de que os defensores de um particularismo moral radical simplesmente anunciam seu pessimismo sobre a existência de princípios adequados, mas não dão nenhum argumento para sua posição. Porém Little indica que a persistência com que esses particularistas procuram contraexemplos sugere que essa posição deve ter algo interessante a dizer sobre a bioética.

O particularismo moral abala o *status* da moralidade, pois não tem a proposta de se justificar nem a pretensão de generalidade que está presente no espírito da bioética. A questão é saber que, se não há generalidades codificáveis nos casos individuais, não há métodos para encontrar respostas, o que destrói a visão precária de que a moralidade seja uma questão objetiva. Porém, conforme observa Little, embora os particularistas se refiram aos princípios como generalizações abstratas, ninguém minimamente sensível rejeita princípios como "respeito à autonomia" ou "ser justo". A autora acrescenta ainda que os princípios são mesmo bastante abstratos, mas há diferentes modelos de particularismo em que não se rejeitam esses princípios.

Para Little, os teóricos morais tentam apreender como considerações morais são identificadas e ordenadas em relação às outras, buscando identificar que propriedades naturais fazem uma ação ser justa ou beneficente. Portanto, existem considerações morais a serem feitas em cada caso, mas não existe uma fórmula que determine qual ação é moralmente correta; de modo que, como tais conflitos são resolvidos, depende da maneira como os eventos estão articulados no contexto em que eles ocorrem, ao que a autora acrescenta que, "se o particularismo está certo, nossas categorias morais não podem responder nada no mundo; moralidade passa a ser uma questão de gosto [...]"[54].

Conforme Little, a defesa particularista sustenta não só que não podemos falar em crueldade em termos naturais, mas também que não podemos falar de forma alguma, exceto trivialmente, pois não temos nenhum critério de aplicação para o que seja crueldade ou não. Sendo assim, a ideia de que haveria regras morais, tais como os conceitos platônicos, seria uma ilusão[55].

O ponto sustentado então é de que, pensando de modo wittgensteiniano, entenderíamos um conceito moral por referência a certos paradigmas exemplares, ou seja, o conceito estaria inscrito nas circunstâncias de tal maneira que apreendemos, por meio desses conceitos generalizantes, o significado de crueldade dentro de um contexto. A habilidade para apreender que alguma coisa é cruel não depende de nenhum órgão sensível especial, mas da capacidade de aplicar um conceito apropriadamente, ou, como Wittgenstein colocaria, a habilidade para seguir uma regra. Logo, a habilidade para discernimento moral alcança seu desenvolvimento por apreensão, pela experiência.

A autora escreve, então, que sabedoria moral, como qualquer capacidade, é um sinal de maturidade para ser capaz de exercer diretamente uma habilidade para julgar, e que generalizações ou regras morais podem ser importantes e ajudar a entender, por exemplo, o que seja ser cruel;

---

54. Ibid., 168, tradução nossa.
55. No capítulo 2, tratarei da indeterminação das regras.

porém, embora útil, não significa que essa generalização seja verdadeira ou correta. Ao escrever no *Tractatus* que "a ética não se deixa exprimir"[56], o autor estaria indicando que é uma ilusão pensar que exista algum tipo de argumentação ou justificação ética que todos possam aceitar. Ao invés disso, entender a autoridade de um tipo de razão requer que estejamos inseridos na prática particular que dá as razões da sua vida.

Sendo assim, respondendo à pergunta feita no início desta seção, de se Wittgenstein estaria defendendo a impossibilidade de uma justificação moral, podemos dizer que sim e não, dependendo do que entendemos por justificar. No caso de justificação no sentido de argumentos ou razões, podemos responder sim. Nossas práticas mostram isso. Contudo, se pensarmos em justificação como uma prova última de que estamos certos, nesse caso percebemos que a ética realmente não pode fornecer isso. Vemos que as considerações feitas por Little sobre a proposta particularista nos auxiliam a compreender ainda mais qual o *status* da ética dentro do pensamento wittgensteiniano, bem como sua complexidade.

Tendo feito essa retomada e reflexão acerca do uso que alguns autores contemporâneos têm feito dos escritos de Wittgenstein para pensar questões bioéticas, parto agora para o desenvolvimento e o aprofundamento de alguns aspectos relevantes para a compreensão do panorama atual da bioética clínica, como a reflexão wittgensteiniana sobre seguir regras e a aplicação dela por James

---

56. WITTGENSTEIN, *Tractatus Logico-Philosophicus*, 1993, §6.421.

Nelson, ao propor o modelo de julgamento especializado. Na sequência, apresento uma reflexão acerca da proposta principialista[57], sob a perspectiva de Wittgenstein, visto que foi uma das precursoras da abordagem bioética na relação entre profissionais da saúde e pacientes, ou entre pesquisadores e sujeitos de pesquisa, que, muitas vezes, são também pacientes.

---

57. Não é à toa que o livro *Principles of Biomedical Ethics* (*Princípios de ética biomédica*) já se encontra em sua oitava edição e continua sendo uma obra de grande relevância para a bioética clínica. Tendo sua primeira edição publicada em 1978, logo após o Relatório Belmont, esta obra traz, pela primeira vez, uma discussão aprofundada sobre alguns princípios básicos que deveriam estar presentes na relação e na tomada de decisões entre médicos e pacientes, ou entre pesquisadores e sujeitos de pesquisa. Ainda que muitos outros modelos bioéticos tenham surgido, com especificidades relativas ao tempo, cultura e especificidades de cada país ou localidade (como a bioética da intervenção, no Brasil), a defesa dos princípios da beneficência, não maleficência, justiça e autonomia, feita por Beauchamp e Childress, deu um pontapé inicial em uma nova fase das práticas médicas e das considerações éticas, no que se refere à manipulação da vida humana.

2
Se não há valores absolutos, como seria possível seguir regras, princípios ou modelos em bioética?

Seguir uma regra, fazer uma comunicação, dar uma ordem, jogar uma partida de xadrez, são hábitos (usos, instituições)[1].

No início da primeira parte deste livro, apresentei algumas das principais considerações de Wittgenstein sobre o *status* da ética e de como não

---

1. WITTGENSTEIN, *Investigações filosóficas*, 1996, §199.

podemos, segundo ele, fazer proposições éticas, isto é, ter a pretensão de que uma afirmação ética possa ser provada como universal e absoluta. No entanto, se pensarmos como Wittgenstein, de que não há proposições éticas, seríamos capazes de propor princípios éticos para a bioética ou qualquer outra área com a pretensão que eles sejam seguidos? Com base em quê? E, além disso, poderíamos expressar às outras pessoas o que queremos dizer, quando nos referimos a valores como autonomia, beneficência, não maleficência e justiça, se considerarmos que eles não expressam fatos do mundo, como faz a ciência? Penso que os escritos de Wittgenstein sobre seguir regras podem nos auxiliar na compreensão de como seguir regras ou princípios éticos na bioética clínica sem flertarmos com o particularismo moral, nem com uma abordagem cientificista e, portanto, inadequada, da ética.

2.1. Seguir regras e o papel das práticas na bioética

Nas *Investigações filosóficas*, Wittgenstein introduz a noção de seguir regras com o exemplo das regras de um jogo de xadrez, que passam a fazer sentido no ensino e no exercício diário do jogo[2], pois, segundo o autor, uma regra não é algo que seja seguido apenas por uma pessoa uma vez na vida, mas uma prática social, não privada, assim como a própria linguagem. Além disso, a interpretação da regra não determina seu significado, ao que o autor sugere que somos treinados para termos uma determinada reação diante de

---

2. Ibid., §197.

um signo, de modo que, embora uma regra possa ser interpretada de alguma forma diferente, pela prática apreendemos que tipo de reação devemos ter a esse signo, ou, conforme o exemplo, com o exercício diário do xadrez, perceberei qual o significado que cada regra me traz nesse contexto. Wittgenstein reforça tal concepção ao escrever que "alguém só se orienta por uma placa de trânsito à medida que houver *um uso contínuo, um costume*"[3].

A partir disso, ele reforça a ideia de que há uma concepção da regra que não é uma interpretação, pois, se podemos seguir a regra, podemos também contradizê-la; a respeito disso o autor acrescenta que, acreditar seguir uma regra, não é o mesmo que segui-la, porque, analogamente a cumprir uma ordem, seguir regras é algo para o qual somos treinados, e reagimos a elas de modo determinado.

Nessa linha de pensamento, apresento, a seguir, algumas reflexões acerca do que estaria em jogo quando falamos em "seguir regras", princípios ou modelos bioéticos, a partir de alguns comentadores de Wittgenstein, como Kripke, Baker e Hacker, e, depois, revelo algumas implicações dessas reflexões para a concepção de seguir regras, modelos ou princípios na bioética clínica.

2.1.1. Seguir regras

Feito o levantamento de alguns dos principais pontos que se referem às considerações de Wittgenstein sobre

---

3. Ibid., §198.

seguir regras, o assunto pode parecer simples. Todavia, assim como diversos pontos de sua obra, a discussão sobre seguir regras também causou polêmicas e discordâncias entre comentadores da obra dele. Um desses comentadores é Saul A. Kripke.

No capítulo 2 de seu livro *Wittgenstein: On Rules and Private Language*, Kripke escreve que o paradoxo a respeito de seguir regras seria o ponto central das *Investigações*, indicando uma nova forma de ceticismo filosófico; diz isso com base no parágrafo 201 dessa obra de *Wittgenstein*: "Nosso paradoxo era o seguinte: uma regra não poderia determinar um modo de agir, dado que todo modo de agir deve poder concordar com a regra". Embora Kripke interprete, a partir desta frase, que haja um ceticismo wittgensteiniano, gostaria de, desde já, a título de esclarecimento, complementar com a frase que segue:

> Se todo modo de agir deve poder concordar com a regra, então deve poder contradizê-la também. Por conseguinte, não haveria aqui nem concordância nem contradição. [...] Com isso mostramos, a saber, que há uma interpretação da regra que não é uma interpretação, mas que se exprime, de caso para caso da aplicação, naquilo que denominamos "seguir a regra" e "transgredi-la"[4].

Aqui já percebemos como resolvido para Wittgenstein que, embora as pessoas possam interpretar a regra, no sentido de substituir uma expressão da regra por outra expressão,

---
4. Ibid., §201.

a regra possui um conteúdo, o que se mostra, no caso, pelo fato de podermos transgredir ou seguir as regras; logo, não acredito que seja possível atribuir um ceticismo de regras ao autor das *Investigações*. Ainda assim, cabe lembrar que essa controversa defesa de Kripke originou importantes debates entre comentadores de Wittgenstein[5].

Kripke escreve que são conhecidas observações de Wittgenstein sobre "uma regra para interpretar uma regra", e diz que é tentador responder aos céticos apelando a uma regra que seja mais básica, ou seja, precisaríamos chegar a uma regra que não seja redutível a nenhuma outra. Porém Kripke contesta:

> Como posso justificar minha presente aplicação de tal regra quando um cético poderia facilmente interpretar isto de muitas formas e com um número indefinido de outros resultados? Pareceria que minha aplicação dessa regra estaria sendo feita como um injustificado tiro no escuro. Eu aplico a regra cegamente[6].

Com estas palavras, Kripke mostra sua desconfiança quanto a se pensar que uma regra possa ser seguida por todos da mesma maneira, pois não haveria, segundo o autor, forma de garantir que todos interpretem a regra do mesmo modo. Assim, ele alega que a aplicação de regras é discutível e nos traz o argumento cético de que elas não podem ser seguidas, o que justifica procurando esclarecer o paradoxo

---

5. Cf. ibid.
6. KRIPKE, 1989, 17, tradução nossa.

da linguagem privada como forma de compreender o que seria seguir uma regra para Wittgenstein. Seus escritos nos são bastante úteis, ainda que, para nossa defesa de que a regra possui uma forma correta de ser seguida, não possamos aceitar o argumento da linguagem privada apontado por Kripke, visto que esse permitiria que cada pessoa interpretasse uma regra de forma distinta[7].

Considerei que Wittgenstein, nas *Investigações*, mostra que um ceticismo de regras desse tipo não é nem ao menos concebível, pois inviabilizaria a linguagem comunicativa; de tal modo que, aceitar a ideia de que minhas sensações são incomunicáveis pela linguagem, e que, por exemplo, só eu sei o que sinto quando digo que estou com dor de dente, inviabiliza a existência de regras, e não só isso, mas toda a linguagem que utilizei para escrever este trabalho se torna sem sentido, pois o leitor poderia interpretar as palavras de uma forma completamente diferente do sentido que dou a elas.

Assim, ainda que os escritos de Kripke, primeiramente, nos auxiliem na discussão sobre o argumento da linguagem privada e na possibilidade de seguir regras, não compartilho das conclusões que se seguem do pensamento desse autor, já que, apesar de toda reconstituição que ele faz dos principais aspectos envolvidos na discussão de Wittgenstein sobre seguir regras, parte para a defesa de um ceticismo de regras que considero ser uma defesa que extrapola os escritos de Wittgenstein.

Nas *Investigações filosóficas* podemos observar, por exemplo, no parágrafo 202 e na página 293, que, da discussão

---

7. Cf. ibid., cap. 2, 8-54.

sobre seguir regras, não se segue um ceticismo, pois a ressalva que o autor faz sobre o papel da prática para a apreensão da regra não gera a defesa de que seja impossível seguir uma regra, mas apenas que a regra sozinha é vazia, pois precisa de exemplos para que se apreenda do modo correto qual seja seu conteúdo normativo.

"[...] há regras também, mas elas não formam nenhum sistema, e apenas quem passa pela experiência pode empregá-las corretamente, sem semelhança com as regras do cálculo."[8] Nesta passagem das *Investigações*, Wittgenstein escreve a respeito de aprender e ensinar o conhecimento dos homens, e salienta que, embora existam regras, somente uma pessoa experiente pode aplicá-las corretamente, diferentemente das regras do cálculo (como argumenta James Nelson, no capítulo 1). Ou seja, o aprendizado de alguns conhecimentos, como a linguagem, não ocorre algoritmicamente como uma aplicação de formas matemáticas, já que, por exemplo, se identificamos o significado de uma palavra como sendo seu uso na linguagem[9], além de um conhecimento prévio, precisamos observar que significado está sendo atribuído à palavra em um determinado contexto, enquanto que uma regra matemática será aplicada independentemente de fatores externos.

Todavia, constatar o papel da experiência para o aprendizado de regras não as torna impossíveis de serem seguidas ou compreendidas, nem leva a um relativismo, no sentido pejorativo que se usa desse termo, pois, se *seguir uma regra*

---

8. WITTGENSTEIN, *Investigações filosóficas*, 1996, 293.
9. Ibid., §43.

é uma prática que depende de aceitarmos que nossa linguagem não é privada, e que podemos compreender uns aos outros, dizer que a experiência é importante na aplicação de regras ou no aprendizado da linguagem não é outra coisa senão constatar que *seguir uma regra, dar ordens etc. são hábitos*, conforme ressalta Wittgenstein nas *Investigações*, e nada há de cético nessas observações.

Kripke sugere que não podemos estar certos de que o que significamos por "mais" e por "vermelho" hoje é o mesmo que significamos ontem, e faz alusão a um ceticismo sobre outras mentes, o que para os comentadores Baker e Hacker não é nem plausível nem muito interessante. Para os autores, a proposição de Kripke de que eu nunca posso estar realmente certo a respeito do que outra pessoa significa por meio de suas palavras parece uma reformulação malsucedida do ceticismo[10].

Baker e Hacker escrevem ainda que o raciocínio cético nos levaria a considerar que não há nenhuma teoria do significado para a linguagem, pois, pensando a linguagem em termos de conhecimento implícito de um complexo sistema de regras semânticas, "os falantes podem ser compreendidos pelos outros se, e somente se, eles fazem o mesmo 'cálculo de regras' (teoria do significado)"[11]. O entendimento mútuo depende disso. Por isso, questionar se o uso que faço de "vermelho" ou "mais" é o mesmo que as outras pessoas fazem significa questionar a viabilidade de nossa compreensão uns

---

10. Cf. BAKER, G. P.; HACKER, P. M. S., *Scepticism, Rules and Language*, Oxford, Basil Blackwell, 1984, viii.
11. Ibid., tradução nossa.

dos outros no uso cotidiano que fazemos da linguagem e, mesmo, no uso acadêmico e científico.

Enfim, como escrevem Baker e Hacker, "a solução cética é uma resposta absurda para uma questão incoerente"[12], já que, para os autores, o erro já começa no fato de que o ceticismo separa duas coisas indissociáveis: compreender uma regra e segui-la. "Na verdade, compreender uma regra é saber que ações estariam em conformidade com essa, assim como compreender uma declaração é saber o que é o caso, se ela for verdadeira."[13]

É bom lembrar que os princípios que regem a aplicação das regras, de forma geral, são considerados *prima facie*[14], enquanto as regras têm um conteúdo normativo definido e uma forma de aplicação. Ressalto minha posição a respeito da existência de um conteúdo normativo da regra devido às possíveis polêmicas a respeito das formas de interpretá-las, pois, segundo minha leitura do autor estudado, existe uma interpretação da regra que é seu conteúdo normativo, de modo que diferentes interpretações expressam novas regras e não a regra inicial.

Para que uma regra possa ser seguida ou violada, ela não pode ter diversas interpretações, pois isso a tornaria sem sentido. Um exemplo simples pode nos esclarecer a questão:

---

12. Ibid., xii.
13. Ibid., xiii.
14. O termo "dever", *prima facie*, aparece na discussão ética a partir dos escritos de William Frankena e David Ross, para se referirem ao fato de que os princípios não têm valor absoluto; o que vem ao encontro do pensamento wittgensteiniano sobre o *status* da ética.

se estamos perdidos e avistamos uma placa de orientação, como as de trânsito, ela pode nos auxiliar, se soubermos o que significa, e costumamos saber, talvez porque tenhamos aprendido seu significado em um centro de formação de condutores ou porque vimos outras pessoas agindo de determinada forma ao avistarem essa placa; de modo que, de uma maneira ou de outra, sabemos o que ela quer dizer, por exemplo, que há um retorno alguns metros à frente. No entanto, se eu não reconheço a placa e interpreto que esteja querendo me dizer outra coisa, poderei atribuir um novo significado a ela e correrei o risco de causar um acidente de trânsito. Pois a placa tem um conteúdo normativo; ela me fala acerca das possibilidades que tenho à frente, no caso, um retorno. Para Wittgenstein, uma regra tem um conteúdo normativo, assim como no exemplo que demos da placa de trânsito, e as possíveis interpretações feitas de uma regra serão, na verdade, novas regras, pois terão outros conteúdos normativos.

Isso nos leva a concluir, em um primeiro momento, que, embora as regras possam não funcionar tão bem como havíamos suposto quando as fixamos[15], elas possuem um conteúdo. Vale ainda ressaltar que com tal argumento não se está defendendo um platonismo normativo, e que, apesar disso, essa posição de Wittgenstein em relação a seguir regras costuma levar a calorosas discussões sobre se são cognitivistas ou não cognitivistas, sob o ponto de vista metaético. Uma leitura cautelosa das *Investigações filosóficas* nos leva a perceber que não se trata de considerar que existam fatos

---

15. WITTGENSTEIN, *Investigações filosóficas*, 1996, §125.

morais (e por isso as regras possuem um conteúdo normativo) ou que não existam (e devamos aceitar um ceticismo no que se refere à possibilidade de seguir uma regra), ou, ainda, que consideremos várias interpretações de uma regra, acarretando o relativismo. A questão é que as regras podem ser seguidas objetivamente, e a experiência exerce um papel importante para a apreensão do conteúdo delas, para seu aprendizado.

James Nelson, como disposto no capítulo 1, propõe uma discussão sobre regras que auxiliem na dissolução de dilemas que ocorrem frequentemente nos hospitais, tomando as ideias de Wittgenstein como motivação filosófica para que o modelo de julgamento especializado seja considerado seriamente. Ele defende que temos razões para deixar aberta uma opção epistêmica que oriente o trabalho na tomada de decisões clínicas, baseado na ideia de que as regras não são meros trilhos mecânicos e que o conhecimento de uma regra não é suficiente para determinar sua correta aplicação[16]. A leitura que James Nelson faz de Wittgenstein salienta que há algo além da regra, e que, embora esta possua um conteúdo normativo, sua correta aplicação depende da observação de seu uso em casos anteriores, ou seja, da prática, e não meramente do conhecimento da regra. Por isso é que Nelson defende, a partir da concepção wittgensteiniana de seguir regras, um modelo de julgamento especializado, pois, além de conhecer as regras, os profissionais da saúde deveriam ter o conhecimento de como essas regras foram aplicadas em casos anteriores, se a situação é

---

16. Cf. NELSON, "Unlike Calculating Rules"?, 2001, 56.

suficientemente parecida com a anterior, para que possa ser resolvida da mesma forma, ou se existem elementos que diferenciam o caso e exigem a aplicação de outra regra; isso porque, além de saber aplicar a regra, é preciso saber qual aplicar.

Essa defesa de Nelson pode ser compreendida a partir não só das *Investigações*, mas também dos escritos encontrados em *Da certeza*, no qual se examina o papel dos exemplos, reforçando a ideia de que o mero conhecimento da regra não garante sua correta aplicação, e que mesmo o conhecimento da regra não é suficiente em alguns casos, apresentando exceções; ou seja, pela leitura que Nelson faz de Wittgenstein, há certa indeterminação das regras. Wittgenstein escreve que: "São necessárias, para estabelecer uma prática, não só regras, mas também exemplos. *As nossas regras têm lacunas e a prática tem que falar por si mesma*"[17].

Considerando que as nossas regras têm lacunas, além do papel da prática apontado pelo autor, podemos perceber melhor por que não há um platonismo de regras em Wittgenstein, tampouco um ceticismo de regras ou um relativismo, já que ele aceita que exista um conteúdo normativo da regra, mas que este é apreendido por meio das práticas e esclarecido pelos exemplos, sem que se necessite de um fundamento último. Aceitar um platonismo de regras seria supor que o conhecimento da regra é suficiente para que não erremos ao aplicá-la, ou seja, que uma regra não admite erro, que ela seria a expressão de algo correto

---

17. WITTGENSTEIN, *Da certeza*, 1969, §139.

e inegável. Por outro lado, o ceticismo de regras partiria do pressuposto de que as regras estão sujeitas a interpretações, pois a aplicação de uma regra dependeria, por exemplo, de como pensamos; do que se conclui que, para cada regra, haveria inúmeras interpretações, impossibilitando a existência de regras objetivas.

O que busco ressaltar aqui é que existem evidências textuais, tanto nas *Investigações* quanto em *Da certeza*, de que, para Wittgenstein, a regra possui uma interpretação última, e que nesta está seu conteúdo normativo. Todavia, apesar de uma regra ter um conteúdo normativo, o autor escreve que ela pode apresentar exceções, já que, mesmo conhecendo a regra, podemos errar ao aplicá-la, e que a prática do uso da regra mostra qual sua aplicação correta, e também qual a errada[18]. Em conformidade com as ideias de Wittgenstein sobre o conteúdo objetivo, e também sobre as limitações das regras, podemos pensar na proposta principialista.

2.1.2. O papel das práticas na bioética

O principialismo tem um papel importante na bioética por ser um guia para a prática clínica, e, partindo do mesmo pressuposto discutido acima, vê a necessidade de algo que complemente a regra: os princípios, que auxiliam sua aplicação. E, para a escolha e a aplicação dos princípios, os autores de *Principles of Biomedical Ethics* acrescentarão

---

18. Cf. ibid., §29, 34.

ainda o papel da virtude. Com a proposta de que "caráter é mais importante que conformidade a regras"[19], Beauchamp e Childress defendem que a bioética precisaria de algo além de mero código de conduta, e para isso propõem um conjunto de princípios que expressam a visão predominante, ao menos no Ocidente, de valores importantes de respeito às pessoas.

Desse modo, embora Beauchamp e Childress (da mesma forma que James Nelson) defendam uma espécie de julgamento especializado, que envolve não só o conhecimento das regras, mas também o caráter virtuoso e o conhecimento do maior número de fatores envolvidos no tratamento de um paciente (que poderíamos chamar de "sabedoria prática", lembrando o conceito aristotélico), eles acrescentam ainda os princípios de justiça, beneficência, não maleficência e autonomia, como forma de garantir que algo, além das regras e protocolos, deva ser considerado na tomada de decisões clínicas.

Considerando que os princípios são *prima facie*, o principialismo abre um grande espaço para essa discussão sobre a importância das práticas, embora seja uma discussão diferente da abordagem sobre regras, já que as regras têm um conteúdo normativo que independe da prática, enquanto os princípios, como guias gerais de ação, não possuem caráter absoluto.

O termo "princípio" é usado por esses autores [Beauchamp e Childress] como sinônimo de uma sentença normativa

---

19. BEAUCHAMP, T. L.; CHILDRESS, J. F., *Principles of Biomedical Ethics*, New York, Oxford University Press, ⁵2001, 29, tradução nossa.

que funciona como um guia genérico para o agir. Ele não possui caráter absoluto, isto é, validade incondicional. Desse modo, o principialismo distingue-se tanto da ética de Kant quanto da ética de Mill, onde os princípios éticos fundamentais (o imperativo categórico e o princípio da utilidade) possuem validade absoluta. O principialismo admite uma pluralidade de princípios, enquanto que, tanto Kant quanto Mill, pensavam que existisse apenas um princípio fundamental[20].

Assim, podemos buscar nas *Investigações filosóficas* vários elementos que contribuem para a aceitação da proposta do principialismo, como o papel da prática e da experiência, a consideração das diferentes formas de vida e de como seguir regras. Por exemplo, no parágrafo 340, lê-se: "Não se pode adivinhar como uma palavra funciona. É preciso que se veja sua aplicação e assim se aprenda", ou seja, as práticas ocupam um papel central na apreensão e na correta aplicação da regra.

Wittgenstein diz que seguir a regra é uma prática[21] porque não é algo que apenas uma pessoa segue uma vez na vida, mas faz parte das práticas cotidianas, em que várias pessoas seguem regras por diversas vezes, pois elas são hábitos, costumes, de modo que, assim como a linguagem não é privada, as regras também não são algo que só uma pessoa siga privadamente, elas fazem parte do uso comum.

---

20. DALL'AGNOL, D., *Bioética. Princípios morais e aplicações*, Rio de Janeiro, DP&A, 2004, 29.
21. Cf. WITTGENSTEIN, *Investigações filosóficas*, 1996, §202.

Tendo em consideração essas reflexões sobre seguir regras, percebemos que o principialismo proposto por Beauchamp e Childress apresenta pressupostos bastante próximos às ideias do autor estudado, na medida em que, embora se respeitem as regras envolvidas na prática biomédica, os princípios têm o papel de orientar a prática, e são *prima facie* justamente em consideração a essa prática ou experiência, que tanto ressaltei, pelas variações culturais e valores dos pacientes e pela impossibilidade de determinar algum valor último ou absoluto.

2.1.2.1. O papel das virtudes morais

A partir da quinta edição de *Principles of Biomedical Ethics*, Beauchamp e Childress optam por escrever um capítulo, o capítulo 2, tratando do caráter moral, pois veem a importância das virtudes morais para que os princípios realmente sejam compreendidos e auxiliem nas decisões. Como afirmam os autores, para que os princípios auxiliem as práticas clínicas adequadamente são necessárias virtudes que componham o caráter moral dos profissionais da saúde, como discernimento, compaixão, integridade, consciência e confiabilidade. Beauchamp e Childress escrevem sobre as que consideram as principais virtudes da vida do profissional da saúde e salientam que não basta que a pessoa tenha uma ou duas dessas virtudes, mas que tenha o caráter virtuoso. Isso envolveria, no mínimo, as cinco virtudes citadas acima, que são de grande importância na medicina, no cuidado dos profissionais da saúde em geral e na pesquisa[22].

---

22. Cf. BEAUCHAMP; CHILDRESS, *Principles of Biomedical Ethics*, 2001, 27.

Essa ideia de que "caráter é mais importante que conformidade a regras"[23] é o ponto central desse capítulo, e com isso os autores dão ênfase à ideia de que a mera aplicação de regras e princípios não é suficiente para uma ação moral e, logo, insatisfatória para se pensar uma ética biomédica. Por isso se faz necessária a discussão sobre as virtudes essenciais a uma postura profissional adequada, e fica justificada a defesa da incorporação de virtudes na ética biomédica e na educação dos médicos e enfermeiros[24].

Beauchamp e Childress definem caráter como "uma série de características estáveis (virtudes) que afetam o julgamento e as ações de uma pessoa"[25]; de modo que um profissional com um caráter moral superior estaria sujeito a cometer menos erros técnicos e de julgamento, pois teria, além das virtudes supracitadas, a boa vontade que provém delas e que faria com que ele tivesse um relacionamento melhor com seus pacientes e colegas de trabalho.

Nesse contexto de relacionamento de profissionais da saúde com pacientes, os autores falam da compaixão. Eles caracterizam a compaixão com sendo um desconforto com o sofrimento do outro, em que tendemos a praticar atos de beneficência para aliviar sua desgraça[26]; além disso, salientam que essa virtude, como já foi descrito por autores com Kant e Espinosa, pode levar o profissional a não agir racionalmente e a tomar de forma parcial uma decisão que deveria ser imparcial. Embora a atenção, nesses casos, deva ser para

---

23. Ibid., 29, tradução nossa.
24. Cf. ibid., 2001.
25. Ibid., 30, tradução nossa.
26. Cf. ibid., 32.

que o envolvimento emocional com o paciente não seja excessivo nem equivocado, o caráter do profissional é que vai ajudar na dosagem dessa e de outras virtudes para que elas não sejam mal interpretadas e o induzam ao erro.

Quanto ao discernimento, Beauchamp e Childress o definem como sendo uma "habilidade de fazer julgamentos e tomar decisões sem ser indevidamente influenciado por considerações exteriores, temores, vínculos pessoais e coisas do tipo"[27]. Costuma-se também identificar a virtude do discernimento com a *phronesis* aristotélica, ou seja, a prudência ou sabedoria prática que, nesse caso, envolve o entendimento de quais e como os princípios são relevantes em uma variedade de situações, de modo que não basta saber qual regra ou princípio aplicar em uma determinada circunstância, mas é necessário saber como seguir a regra, e por isso a virtude do discernimento se faz tão importante no contexto da ética biomédica.

A partir disso se conclui que as regras ou princípios, sem o discernimento adequado que auxiliem na sua aplicação, são vazios, conforme exposto anteriormente, no capítulo 1, onde falei de julgamento especializado.

Outra virtude apontada por Beauchamp e Childress como formadora do caráter de um bom profissional da saúde é a confiabilidade, que seria a crença que o paciente tem no caráter moral e na competência da outra pessoa, no caso, o médico, enfermeiro ou pesquisador. Os autores lembram Aristóteles, que sustenta que, quando as relações são voluntárias e entre pessoas que são íntimas, as regras são dispen-

---

27. Ibid., 34, tradução nossa.

sáveis, pois as pessoas se relacionam e se consideram boas e confiáveis, sem que isso precise ser exigido em termos jurídicos e morais. Entretanto, quando a relação é entre estranhos, já que as instituições médicas têm se tornado cada vez mais burocráticas e impessoais, a confiabilidade é que acaba influenciando a escolha de um paciente por um médico ou outro, ou mesmo o inverso, lembrando que, quando o médico não confia no paciente, todos os possíveis riscos devem ser acordados em termos contratuais, a fim de evitar processos judiciais, o que tem levado o nome de "medicina defensiva".

Além da confiabilidade, uma virtude procurada nos profissionais da saúde é a integridade moral, ou seja, o comprometimento com um conjunto de valores e ações que caracterizam a pessoa por ser fiel na adesão às normas morais e na defesa das práticas de acordo com elas. O que ocorre, porém, é que, em contextos altamente autoritários, manter a integridade se torna uma tarefa mais difícil que possa parecer a princípio, como, por exemplo, se um médico com convicções a respeito da sacralidade da vida, que faz o possível para manter a vida dos pacientes com todos os recursos que tiver ao seu dispor, for ordenado por seu superior a parar com algum procedimento que este considere fútil[28]. Por ter a crença de que deve fazer tudo o que puder para

---

28. É ainda problemático se a direção do hospital considera um tratamento fútil pelo seu custo financeiro ou se está usando apropriadamente o conceito de futilidade médica, que se refere a tratamentos que trazem mais dor, efeitos colaterais e custos financeiros ao paciente do que benefícios, embora isso deva ser discutido juntamente com o paciente ou responsável.

manter a vida, o médico vê sua integridade ameaçada pela ordem de um superior para suspender um tratamento, ou seja, onde, ao invés de diálogo, houver decisões autoritariamente impostas, o problema da integridade é inevitável. Nesse caso, para manter sua integridade, o médico não acataria a ordem dada por seu superior, pois ceder além do limite da integridade resultaria na sua perda, de modo que podemos perceber que a virtude exerce um papel determinante na proposta principialista.

Além dessas virtudes citadas acima, Beauchamp e Childress escrevem a respeito da virtude da consciência ou conscienciosidade, que seria "uma forma de reflexão sobre si mesmo e o julgamento sobre se um ato é obrigatório ou proibido, certo ou errado, bom ou mau"[29]. A partir desse julgamento feito pela própria pessoa, caso ela não consiga agir de acordo com o que sua consciência apontou como sendo bom, resultará em sentimentos de culpa, remorso, vergonha etc., mas não necessariamente significa que a pessoa tem um mau caráter, mas sim que pode reconhecer quando seus atos são errados.

Por fim, todas essas virtudes têm um papel central na ética biomédica, principalmente no que se refere à abordagem principialista discutida aqui, pois regras e princípios sozinhos são insuficientes para abarcar a completude da moralidade nas relações humanas e, particularmente, nas relações dos profissionais da saúde com pacientes, suas famílias, sujeitos de pesquisa etc.

---

29. BEAUCHAMP; CHILDRESS, *Principles of Biomedical Ethics*, 2001, 38, tradução nossa.

2.2. Tipos de teoria moral

Como, para Wittgenstein, o papel da filosofia é esclarecer os pensamentos, cabe aqui analisar algumas das teorias morais buscando esclarecer de que modo elas nos ajudam ou não a pensar as questões referentes à bioética clínica. Beauchamp e Childress[30] fizeram um levantamento de algumas das teorias morais mais aceitas, apontando para algumas das críticas mais frequentes a cada uma delas, seus pontos positivos e as possíveis contribuições de cada uma para o contexto biomédico. Mas, para analisar os pontos positivos e negativos de cada teoria, um primeiro passo indicado por Beauchamp e Childress é ressaltar quais são os critérios para a construção de uma teoria. Lembrando que esses critérios são condições ideais e que nenhuma teoria satisfaz todas essas condições. Sendo assim, uma teoria que satisfaça, no mínimo, algumas dessas condições estará se distanciando de uma mera lista de crenças para ser considerada realmente como uma teoria.

Beauchamp e Childress ressaltam ainda que, mesmo no caso de teorias morais que preenchem grande parte dessas condições, é mais plausível aceitar que elas funcionam em um contexto limitado, como, por exemplo, o utilitarismo, que convém mais para as questões de políticas públicas que especificamente para as questões éticas clínicas e médicas[31]. Os autores apresentam oito condições mais aceitas como critérios para a construção de uma teoria ética: clareza,

---
30. Cf. ibid., 340.
31. Cf. ibid., 338.

coerência, completude e abrangência, simplicidade, poder de explicação, poder de justificação, poder de produção e viabilidade[32]. Podemos perceber que algumas dessas condições podem ser satisfeitas por uma teoria e outras não, já que cada uma tem sua especificidade, seus pontos fortes e fracos. Por causa dessas características é que se faz necessária uma breve análise das que considero serem as principais teorias éticas, ou, ao menos, as mais discutidas, e a partir dessa análise é possível esclarecer e justificar a abrangência da teoria principialista e sua importância no contexto biomédico. Portanto, a seguir há uma breve reconstituição, a partir de Beauchamp e Childress, de algumas das teorias morais mais aceitas.

2.2.1. O utilitarismo

Fazer uma reconstituição, ainda que breve, do que seja o utilitarismo se faz necessária aqui porque essa teoria faz parte dos pressupostos da proposta principialista. Segundo Beauchamp e Childress[33], o utilitarismo é uma teoria baseada nas consequências, mais especificamente no cálculo das melhores consequências que uma ação pode obter ante outra. Em outras palavras, uma ação é certa ou errada em conformidade com as consequências, boas ou más, que acarretar. Nessa teoria predomina apenas um princípio: o princípio da utilidade. Contudo, o conceito de utilidade sofre

---
32. BEAUCHAMP; CHILDRESS, *Principles of Biomedical Ethics*, 2001, 339.
33. Cf. ibid., 341.

variações entre os utilitaristas; segundo Beauchamp e Childress, Bentham e Mill tinham como critério de utilidade a felicidade ou prazer que uma ação proporciona, sendo, nesse caso, a felicidade e o prazer tratados como sinônimos. Outros utilitaristas defendem os bens neutros ou intrínsecos, ou seja, coisas avaliadas como sendo do interesse de todos, tais como felicidade, liberdade, saúde. Além disso, muitos filósofos contemporâneos têm chamado a atenção para a existência de outros valores intrínsecos além da felicidade[34]. Alguns desses valores seriam: a amizade, o conhecimento, a saúde, a beleza, ou, para outros, até a autonomia, a realização pessoal, o sucesso, entre outras coisas.

Como podemos perceber, há diferentes percepções do utilitarismo, e, por diferenças que vão além dos valores considerados mais importantes e que são empregados como critérios de utilidade, o utilitarismo se divide em dois tipos: o utilitarismo de regras e o utilitarismo de ações. O utilitarismo de ações justifica as ações recorrendo diretamente ao princípio de utilidade, enquanto o utilitarismo de regras considera as consequências da adoção de regras.

Esse ponto é interessante, pois, conforme a proposta do principialismo, o utilitarismo de regras seria mais aceito, caso contrário, estaríamos mais inclinados a aceitar uma espécie de casuística, em que cada caso é tratado de uma forma específica. Aceitar o utilitarismo de ações é aceitar que as regras devem ser levadas em conta algumas vezes, enquanto o utilitarismo de regras pressupõe que a observância geral das regras morais traz benefícios para a sociedade, de modo

---

34. Cf. ibid.

que o desprezo de uma regra ameaçaria a integridade de todo sistema de regras e poderia causar injustiças.

As críticas mais frequentes ao utilitarismo, conforme apontam Beauchamp e Childress[35], são relacionadas a problemas com preferências e ações imorais, com a distribuição injusta e também com a preocupação de se o utilitarismo não seria muito exigente. A questão das preferências consiste em que, se defendido o utilitarismo baseado em preferências subjetivas, há o problema da aceitação dessa teoria em casos de preferências moralmente inaceitáveis. Além disso, algumas vezes o utilitarismo pode gerar uma ação imoral, como no exemplo dado por Beauchamp e Childress[36], de um país em que, havendo uma guerra devastadora, esta pode ter fim caso se utilizem métodos de tortura para convencer crianças, filhos de soldados, a dizerem onde seus pais se escondem. Pelo utilitarismo, essa ação poderia seria aceita, sendo até mesmo uma obrigação moral, pois traria um bem maior: o suposto fim da guerra; porém essa ação nos parece imoral e injustificável, mesmo dadas as circunstâncias.

A questão da distribuição injusta é uma crítica comum, já que esse tipo de utilitarismo permitiria que os interesses da maioria se sobrepusessem aos direitos de uma minoria, quando o benefício a ser alcançado pela maioria, ou por um grupo, é superior àquele alcançado por uma ação em favor das minorias ou de outro grupo.

Por fim, outro alvo de críticas à teoria utilitarista é a questão de que muitas formas de utilitarismo parecem exigir

---

35. Ibid., 346.
36. Ibid.

demais da vida moral, pois não há distinção entre ações moralmente obrigatórias e ações que vão além da obrigação moral, de modo que foge ao critério da viabilidade citado anteriormente, ou seja, a teoria apresenta obrigações que não podem ser satisfeitas ou podem ser satisfeitas apenas por poucas pessoas ou comunidades[37].

Apesar dessas críticas, uma avaliação construtiva do utilitarismo nos permite notar que essa teoria conta com pontos positivos que ajudaram a compor o principialismo. Um deles é o fato de que o utilitarismo visa à maximização do bem-estar, o que nos permite considerá-lo não só como uma teoria baseada nas consequências, mas também na beneficência, ou seja, tem como objetivo promover o bem-estar social. Além disso, como escreve o economista político Amartya Sen, citado por Beauchamp e Childress: "O raciocínio consequencialista pode ser usado de forma frutífera mesmo quando o consequencialismo como tal não é aceito. Ignorar consequências é deixar uma história ética contada pela metade"[38].

Por visar à maximização do bem ao maior número de pessoas, a teoria utilitarista pode contribuir no que se refere às políticas públicas. Contudo, embora possa ser uma boa estratégia para as políticas públicas, esse aspecto às vezes é visto pela crítica como inviável, pois, em algumas situações, o utilitarismo parece exigir demais dos sujeitos morais, visto que a teoria utilitarista permite muitas vezes que direitos

---

37. Cf. BEAUCHAMP; CHILDRESS, *Principles of Biomedical Ethics*, 2001, 340.
38. Cf. ibid., 348, tradução nossa.

individuais sejam desconsiderados, como o direito à propriedade ou à autonomia.

Outra abordagem a respeito dessa teoria é feita por Geoffrey Scarre, que, em seu livro *Utilitarismo*[39], escreve que a teoria utilitarista, embora arduamente criticada, é uma das mais discutidas teorias éticas, e a que o autor considera a filosofia moral por excelência[40], pois se distingue das outras teorias por sua sofisticação e plausibilidade. Scarre relata que, como hoje existem muitas formas de se conceber o utilitarismo, torna-se difícil definir em poucas palavras exatamente qual seja sua essência, de modo que o autor opta por citar a definição de Mill:

> A crença que aceita como fundamento da moral a utilidade ou o princípio da máxima felicidade, sustenta que ações são corretas em proporção ao quanto elas tendem a promover a felicidade, e erradas as ações que tendem a produzir o inverso da felicidade. Por "felicidade" é considerado o prazer e a ausência de dor; por "infelicidade", dor e privação de prazer[41].

No entanto, embora essa definição seja de sua própria teoria, Mill nos leva a pensar que esteja incompleta ou um tanto quanto inadequada, visto que ele considera que atividades morais e intelectuais contribuem muito mais para uma felicidade completa do que um prazer físico, como o

---
39. SCARRE, G., *Utilitarism*, London/New York, Routledge, 1996.
40. Ibid., 2, tradução nossa.
41. MILL, J. S., *Utilitarianism*, New York, Prometheus Books, 1987, 16, tradução nossa.

de comer caviar, por exemplo. Assim percebemos que não é de qualquer prazer que se está falando, aliás, segundo Scarre, em alguns de seus escritos, Mill afasta a noção de felicidade baseada no prazer e na dor em favor de uma concepção mais aristotélica de felicidade do sujeito, que se concentra no desenvolvimento da excelência de seu caráter[42].

Enfim, mesmo com os prós e contras que essa teoria nos oferece, é inegável a influência do pensamento utilitarista no principialismo, pois, conforme nos mostram Beauchamp e Childress[43], todos nos engajamos em um método utilitarista de calcular o que deve ser feito, contrapesando objetivos e recursos e considerando as necessidades de todos os afetados. Com base nessa concepção é que se calcula, por exemplo, qual dos princípios deve ser aplicado em cada caso clínico, já que eles têm validade *prima facie*.

Além disso, de acordo com Beauchamp e Childress, o utilitarismo tem um importante papel na formulação do princípio da beneficência, por ser considerado não apenas como uma teoria baseada nas consequências, mas sobretudo, e o que acrescenta algo ao principialismo, baseada na beneficência, ou seja, a teoria utilitarista concebe a moralidade tendo como meta, principalmente, a promoção do bem-estar[44]. Portanto, o que foi incorporado da teoria utilitarista para o principialismo foi o princípio da utilidade, considerando que, assim como para Bentham, utilidade seria

---

42. Cf. Scarre, *Utilitarism*, 1996, 3.
43. Cf. Beauchamp; Childress, *Principles of Biomedical Ethics*, 2001, 341.
44. Cf. ibid., 348.

sinônimo de beneficência[45], já que o utilitarismo considera o bem-estar das pessoas como base de ação.

> O termo "utilidade" designa aquela propriedade existente em qualquer coisa, propriedade em virtude da qual o objeto tende a produzir ou proporcionar benefício, vantagem, prazer, bem ou felicidade (tudo isso, no caso presente, se reduz à mesma coisa), ou (o que novamente equivale à mesma coisa) a impedir que aconteça o dano, a dor, o mal ou a infelicidade para a parte cujo interesse está em pauta [...][46].

A definição de utilitarismo de Bentham nos permite perceber melhor a influência do princípio da utilidade para a construção do princípio da beneficência, e até mesmo o questionamento do princípio de não maleficência, já que a definição citada deixa bem claro que o objetivo de maximizar o bem (beneficência) e minimizar a dor (não maleficência) equivale à mesma coisa, embora no principialismo eles tenham atribuições distintas.

Roger Crisp, em seu livro *Mill on Utilitarianism*[47], escreve que a noção de bem-estar é central na teoria utilitarista, sendo mais importante que o princípio de maximização, inclusive, pois, segundo ele, torna-se difícil tratar de uma

---

45. Cf. SCARRE, *Utilitarism*, 1996, 5.
46. *Jeremy Bentham, John Stuart Mill*, trad. Luiz João Baraúna, João Marcos Coelho e Pablo Rúben Maricondo, São Paulo, Abril Cultural, 1979, 4.
47. CRISP, R., *Mill on Utilitarianism*, London/New York, Routledge, 1997.

teoria que visa à maximização do bem-estar sem saber o que é bem-estar[48]. Crisp acrescenta ainda que o que faz a vida valer a pena de ser vivida é bem diferente do que consiste a vida moral.

Para elucidar essa questão, Crisp usa um exemplo de uma situação em que poderíamos escolher entre ser uma ostra que pudesse viver o quanto quisesse e um músico rico e famoso que vivesse até os sessenta anos. Se pensarmos em termos de o que faz a vida valer a pena de ser vivida, preferiríamos a interessante vida do músico, ainda que tivéssemos noção de sua finitude. Mas o estranho é que, pelos critérios de Bentham, seu bem-estar será maximizado, ou seja, você terá optado pela melhor vida para você caso escolha a vida da ostra. Então, não se trata, no utilitarismo, de um bem-estar subjetivo, de um gosto ou critério avaliativo que decida, no caso do exemplo de Crisp, qual dessas vidas seria mais prazerosa para o sujeito. O bem dele seria viver mais, simplesmente. Por isso podemos dizer que, embora o principialismo se aproprie de elementos do utilitarismo, como o princípio da utilidade, em relação a essa concepção de bem-estar, o principialismo acrescenta outro ponto: a autonomia do indivíduo.

Assim, embora Scarre[49] tenha ressaltado que para Bentham o princípio da utilidade consiste em maximizar o bem-estar do maior número de pessoas, a mesma ideia que baseia o principialismo, esse princípio adquire um refinamento no que se refere à concepção de bem-estar, pois, quando se

---

48. Ibid., 20.
49. Cf. SCARRE, *Utilitarism*, 1996, 5.

trata de pessoas autônomas, no geral, elas mesmas decidem qual a sua concepção de bem-estar, o que se assemelha mais à leitura do utilitarismo de Mill feita por Wisnewski, que examinaremos logo a seguir.

2.2.2. O principialismo e o princípio da utilidade sob um olhar wittgensteiniano

Conforme ressaltado na seção anterior, embora o principialismo se baseie no princípio da utilidade, que consiste em maximizar o bem-estar do maior número de pessoas, esse princípio adquire, na proposta de Beauchamp e Childress, um refinamento no que se refere ao bem-estar, já que, diferentemente da teoria utilitarista, a proposta principialista não trabalha com uma ideia de bem, mas respeita a pluralidade, sendo que o respeito às diferentes concepções do que seja o bem é garantida pelo princípio da autonomia, mesmo que algumas vezes prevaleça o da beneficência ou não maleficência; por exemplo, quando o paciente ou sua família não está em condições de decidir autonomamente sobre o caso em questão ou ainda quando estiverem envolvidas questões de justiça na distribuição dos recursos. Assim, mesmo visando à ação beneficente, a proposta principialista conta com alguns diferenciais que a torna mais abrangente e afasta críticas como a feita ao utilitarismo, de exigir demais de seus sujeitos morais ou de agir de modo desrespeitoso à autonomia de uma pessoa, a favor de um benefício maior a um grande número de pessoas. O principialismo trabalha com as pessoas e leva em conta os diversos fatores envolvidos, correspondendo, por exemplo, às expectativas do modelo de julgamento especializado de James Nelson, pois não se trata de um modo de otimizar a aplicação padronizada das regras, mas sim de garantir que a aplicação dessas regras seja refletida à luz desses princípios. Além disso, como salientado anteriormente, as virtudes exercem um papel essencial na escolha do princípio para cada caso clínico, visto que esses princípios são *prima facie* e não há uma regra para estabelecer qual deles deve ser aplicado em cada caso. Como examinamos as noções de seguir regras, justificação moral e diferença da abordagem ética em comparação com o método científico, percebemos de que forma o estudo de Wittgenstein nos trouxe até a presente defesa.

J. Jeremy Wisnewski, em seu livro *Wittgenstein e a investigação ética*[50], repensa o utilitarismo de Mill sob a perspectiva de Wittgenstein, argumentando que esse não seria um utilitarismo de ações e que poderíamos compreender melhor Mill se fizéssemos uma leitura eudaimonista dele. Respondendo às críticas mais comumente feitas ao utilitarismo, como a de exigir demais de seus sujeitos morais ou de propor guias de ação que podem, de algum modo, ferir a autonomia de uma pessoa em favor do benefício maior de um grande número de pessoas, Wisnewski defende que Mill não usa o princípio da maior felicidade como guia de ações, mas como uma possibilidade de guiá-las. Pois, segundo ele, se um princípio como o da maior felicidade fosse um forte guia de ação, este seria capaz de decidir por nós como deveríamos

---

50. WISNEWSKI, J. J., *Wittgenstein and Ethical Inquiry. A Defense of Ethics as Clarification*, London, Continuum, 2007.

agir em situações particulares, o que não ocorre. O princípio da maior felicidade, como reforça Wisnewski, não pode ser visto como um guia para ações individuais[51]. Com essas ressalvas, e a ideia de um Mill eudaimonista, Wisnewski procurou mostrar que não há esse caráter absoluto no utilitarismo de Mill, que ele jamais propôs, nem seria possível um guia de ação para todas as circunstâncias.

Com isso, podemos pensar que as críticas apontadas acima se referem a uma concepção de utilitarismo que foi deturpada e transformada ao longo da história, pois a proposta de Mill visaria, segundo Wisnewski, fazer com que as pessoas buscassem praticar ações que promovessem a felicidade, evitando as que acarretassem infelicidade, e não, por exemplo, impor um princípio que desrespeitasse direitos individuais.

Se interpretarmos Mill como sugere Wisnewski, consideraríamos que o utilitarismo dele consiste mais em uma preocupação com a formação do caráter das pessoas, para que busquem sempre ações que maximizem a felicidade de todos, do que a defesa de um método de guia de ação para a ética. Por essa leitura que Wisnewski faz do utilitarismo, torna-se ainda mais evidente como o princípio da utilidade foi incorporado ao principialismo, já que a ação beneficente busca essa maximização da felicidade no sentido acima explicitado. Assim como nessa leitura do utilitarismo, o princípio de beneficência tem como meta a promoção do bem-estar, o que justifica a incorporação do princípio da utilidade ao principialismo, pois, como citado anteriormente, o termo

---
51. Cf. ibid., 54.

"utilidade" estaria se referindo a algo que possa proporcionar benefício ou felicidade, do mesmo modo que impede que aconteça o dano ou a infelicidade para a parte interessada.

2.2.3. A ética de Kant sob a perspectiva wittgensteiniana

Outra teoria ética que considero importante explicitar aqui é a ética kantiana, porque traz uma visão sobre seguir regras e sobre ética que se contrapõe à concepção wittgensteiniana, examinada anteriormente.

A ética kantiana se baseia no imperativo categórico, que, segundo Kant, provém da razão, "da qual unicamente pode provir toda a regra que deve conter necessidade"[52]; e, sendo a ética kantiana considerada uma ética baseada na obrigação, parte do pressuposto de que todos temos um aparato racional comum que nos permite saber como devemos agir.

O imperativo categórico, segundo uma das formulações da *Crítica da razão prática*, adquire a seguinte forma: "Age de tal forma que a máxima da tua vontade possa valer sempre ao mesmo tempo como princípio de uma legislação universal"[53]. A partir disso, Kant sustenta que somos autônomos quando fazemos escolhas racionais, ou seja, quando agimos por dever. Seu conceito de autonomia difere do que comumente aceitamos e do sentido utilizado no principialismo,

---

52. KANT, I., *Crítica da razão prática*, trad. Artur Morão, Lisboa, Edições 70, 1997, 31.
53. Ibid., 42.

de que ser autônomo é fazer suas próprias escolhas, sejam elas boas ou más. Quando Kant fala de autonomia, ele dá um sentido bem específico: trata da autonomia da vontade[54], de tal forma que, para esse autor, somos autônomos quando nossa vontade se liberta das paixões e dos sentimentos imorais e segue a razão. Desse modo, para Kant, não basta agirmos de forma correta, em conformidade com o dever, mas devemos agir por dever, ou seja, uma ação é considerada moral se for concebida de forma autônoma, motivada exclusivamente pelo senso de dever, e não visando a algum interesse; sendo assim, quando a ação é correta por uma mera casualidade, ela não pode ser considerada moral, pois não partiu da razão.

Essa diferenciação entre a ação por dever e a ação conforme o dever de Kant fica mais clara com o exemplo trazido por Beauchamp e Childress[55], de um empregador que avisa seu funcionário dos riscos de saúde que a profissão envolve com medo de um processo judicial. Essa ação do empregador é conforme o dever, mas não tem nenhum valor moral dentro da teoria de Kant, pois ele não agiu por dever, ou seja, de acordo com a vontade autônoma que o faria agir pela razão, mas pensando nas consequências de sua omissão, que poderia ser, por exemplo, um processo judicial.

A teoria moral de Kant parte da obrigação, que vem de regras categoriais. Segundo Beauchamp e Childress, nessa teoria "o valor moral de uma ação individual depende exclusivamente da aceitabilidade da regra de obrigação (ou

---

54. Cf. Kant, *Crítica da razão prática*, 1997, 45.
55. Cf. Beauchamp; Childress, *Principles of Biomedical Ethics*, 2001, 350.

máxima) na qual a pessoa age"[56]. Agir moralmente seria agir de modo que a máxima da ação pudesse ser universalizada, ou seja, que se pudesse agir da mesma forma em situações parecidas. O exemplo clássico, também citado por Beauchamp e Childress, é o da pessoa que pede dinheiro emprestado e promete pagá-lo, embora já saiba que não poderá cumprir a promessa. Para testar se essa ação é moral ou não, pensemos se a máxima dessa ação pode ser universalizada, ou seja, se toda pessoa que precisar de dinheiro emprestado pode pedir e prometer pagar, sabendo que não irá fazê-lo. Obviamente que essa ação não seria moral, pois, aceitá-la, faria com que ninguém mais acreditasse em promessas, e o próprio sentido da promessa deixaria de existir, pois saberíamos que a pessoa que promete não iria cumprir.

Como é de esperar, existem várias críticas à ética kantiana. Uma delas é a de que, por essa teoria, todas as regras morais são absolutas, e, como algumas vezes ocorrem conflitos envolvendo duas regras, ou casos em que o conflito provém de uma única regra, é praticamente impossível agir moralmente. Um exemplo dado é o da promessa feita aos filhos de levá-los a uma viagem em uma determinada época em que ocorre um imprevisto; sua mãe fica doente e você tem o dever de cumprir sua promessa e também o de cuidar de sua mãe que está no hospital, sendo que é impossível fazer as duas coisas ao mesmo tempo. Esse é o problema de teorias absolutistas; por isso a defesa, neste livro, da abordagem wittgensteiniana da bioética, utilizando como exemplo o modelo principialista, que propõe que os princípios sejam

---

56. Ibid., 349, tradução nossa.

considerados *prima facie*, ou seja, um deles pode ser priorizado em determinada situação, como a supracitada, em que, a meu ver, prestar assistência à mãe doente claramente seria mais importante do que uma viagem, que poderia ser remarcada para outra data.

Outras críticas mais comuns são as de que a ética kantiana superestima a lei e subestima as relações entre as pessoas, como a relação entre familiares e amigos, que não necessitam de leis morais e deveres, pois é pouco provável que uma mãe, quando cuida do filho, pense em termos de lei moral a ser cumprida, embora em suas práticas ela mostre o que seria o correto nessa relação (tendo em conta as variantes de cada tempo e cultura).

Também quanto às limitações da teoria kantiana, Beauchamp e Childress escrevem que há uma abstração sem conteúdo, pois o formalismo dessa teoria se baseia no que Kant chama de "razão pura", o que foi considerado por pensadores, como Hegel, como insuficiente para designar obrigações específicas de qualquer contexto da moralidade concreta. Assim, a teoria kantiana é considerada abstrata e de difícil aplicação pelos críticos, o que corresponderia aos critérios de viabilidade e clareza citados anteriormente.

Apesar disso, segundo Beauchamp e Childress, uma grande contribuição que Kant deu à discussão foi sobre a noção de que, "quando existem boas razões para sustentar um julgamento moral, essas razões são boas para todas as circunstâncias relevantemente similares"[57]. Por exemplo, se

---

57. BEAUCHAMP; CHILDRESS, *Principles of Biomedical Ethics*, 2001, 355, tradução nossa.

aceitamos que devemos obter o consentimento das pessoas para que sejam sujeitos de uma pesquisa biomédica, não podemos abrir exceções e fazer pesquisas com outras que não tenham consentido, mesmo que isso possa trazer um grande benefício às demais pessoas por meio do progresso da ciência. Nesse sentido, Kant trouxe uma grande contribuição à teoria ética.

O que diferencia a proposta kantiana da proposta principialista é que os princípios são extraídos das práticas mais aceitas no Ocidente, enquanto o princípio kantiano (o imperativo categórico) é algo imposto de fora; e, embora Kant diga que o imperativo se baseia na razão, que é comum a todos os humanos, é de mais difícil aplicação que os princípios de autonomia, beneficência, justiça e não maleficência, os quais, de certo modo, já estão incutidos nas práticas cotidianas. Além disso, tanto o utilitarismo quanto a ética kantiana têm em comum um princípio que funciona de modo absoluto, e, nesse caso, cabem as mesmas críticas que as feitas por James Nelson ao modelo de evidência formal (capítulo 1), pois essas duas teorias fornecem modelos arbitrários para o agir moral. O problema que quero indicar nessas duas teorias éticas é que nelas os princípios funcionam como algoritmos, não levando em conta nenhuma particularidade do caso ou da pessoa envolvida, bem diferente do que é concebido pela proposta principialista, já que nesta temos quatro princípios que são guias gerais de ação, mas não princípios absolutos. Os princípios de beneficência, justiça, autonomia e não maleficência funcionam *prima facie*, em respeito às pessoas envolvidas em cada situação, na qual se perceberá, com o auxílio da sabedoria prática, que princípio deverá ser aplicado.

Além dessas considerações, gostaria de acrescentar ainda a leitura de Wisnewski em relação ao imperativo categórico, que desenvolve alguns pontos das críticas apontadas acima, como a de que o imperativo categórico é aplicado algoritmicamente, sendo um princípio único e absoluto que pretende mostrar como devemos agir em todas as situações.

Wisnewski nos propõe o que ele chama de uma leitura "clarificatória" do imperativo categórico, que consistiria em compreendê-lo não como um princípio regulativo com caráter absoluto, no sentido de nos dizer como agir, mas como um princípio constitutivo, que nos traz a compreensão da dimensão moral de nossa forma de vida. Mas, antes disso, Wisnewski admite que, embora ele proponha essa leitura clarificatória, tem consciência de que a concepção do imperativo categórico como regulativo ou como um guia de ação é um ponto bastante comum entre os estudiosos de Kant, e reconstitui, brevemente, os principais argumentos para a defesa de uma visão procedimental do imperativo categórico, sendo eles: o argumento pragmático, o argumento da máxima e o argumento textual.

No argumento pragmático, considera-se que a visão procedimental do imperativo categórico pretende ser útil em todas as ações, pois, se o imperativo categórico não for visto como um princípio regulativo, ele se torna sem valor[58]. Do mesmo modo, no argumento da máxima, ao considerar que o imperativo categórico especifica o tipo de máxima que é permissível, sustenta que o imperativo categórico deve

---

58. Cf. WISNEWSKI, *Wittgenstein and Ethical Inquiry*, 2007, 32.

nos dizer como agir, e essa é a definição de um princípio regulativo[59]. Por conseguinte, no argumento textual, é feito um levantamento de como Kant aplicou o imperativo categórico a casos particulares, usando essa aplicação para produzir conteúdos normativos concretos, o que ocorre a partir dos bem conhecidos exemplos do suicídio e da promessa falsa. Nessa leitura, a defesa é a de que, "se o imperativo categórico não fosse regulativo (ou melhor, se ele não quisesse ser regulativo), Kant não o teria aplicado"[60]. Porém, conforme Wisnewski expõe, Kant o aplicou, e isso, mais uma vez, significaria que o imperativo categórico pretende ser regulativo, o que podemos perceber no prefácio da *Crítica da razão pura*, quando Kant, em uma nota, sinaliza que seu objetivo era, justamente, estabelecer uma fórmula que se aplicasse a toda moralidade.

> Um crítico, que queria censurar em parte esta obra, conseguiu o seu objetivo melhor do que ele próprio pensava, ao dizer que ali não se estabeleceu nenhum novo princípio da moralidade, mas apenas uma nova fórmula. Mas quem é que quereria introduzir um novo princípio de toda a moralidade e, por assim dizer, descobrir esta como se, antes dele, o mundo estivesse totalmente na ignorância ou no erro acerca da natureza do dever? Mas quem sabe o que para um matemático significa uma fórmula, que determina muito exatamente o que importa fazer para tratar uma questão e não a deixa falhar, não considerará como

---

59. Cf. ibid.
60. Ibid., 33, tradução nossa.

insignificante e dispensável uma fórmula que faz o mesmo relativamente a todo o dever em geral[61].

Para Wisnewski, o argumento pragmático é problemático por pressupor que o imperativo categórico traz mais um modo de a ética ser útil em nossas vidas, e que isso envolveria nos informar que ações devemos escolher; ao que o autor acrescenta ainda que essa é a visão que tem dominado grande parte da teoria ética contemporânea. O autor não crê que o uso do imperativo categórico como um procedimento para calcular as ações permissíveis seja útil, pois sustenta que "a filosofia moral não precisa de guias de ação para ser útil"[62]. Um exemplo disso seria a ética de virtudes, que não traz guias de ação ou receitas de como devemos nos comportar, mas nem por isso é inútil.

Alguns dos problemas salientados por Wisnewski, caso se queira conceber o imperativo categórico sob uma visão procedimental, são, por exemplo, que não podemos distinguir bem nossas próprias máximas, as diferentes formulações do imperativo categórico nos levam a diferentes resultados e os argumentos envolvidos no imperativo categórico, ao que parece, podem ser facilmente manipulados[63]. Considerando esses pontos, segue-se que, para Wisnewski, embora o imperativo categórico possa ser útil para mostrar o que há de errado em uma ação, devemos estipular qual é, de fato, a máxima em questão, o que é extremamente

---

61. KANT, *Crítica da razão prática*, 1997, 16.
62. Ibid.
63. Cf. ibid., 34.

complexo e acaba limitando a capacidade do imperativo categórico de ser um guia de ações.

Um ponto interessante para se pensar na opacidade das máximas é o fato de Kant ter percebido que os agentes frequentemente se enganam de forma sistemática quanto à natureza de suas razões para agir de uma determinada forma. Portanto, como ressalta Wisnewski, embora isso não descarte que o imperativo categórico seja utilizado como guia de nossas ações, certamente essas observações sugerem que não devemos ser tão otimistas quanto à utilidade desse procedimento. Do mesmo modo, o fato de as diferentes formulações do imperativo categórico poderem, em algumas situações, levar a diferentes resultados, seria outra razão para pensarmos que talvez o imperativo categórico não seja tão útil para guiar ações.

A questão é que um guia de ações não deveria nos conduzir a diferentes resultados, ou, nas palavras de Wisnewski, "minha crítica aqui é que nem sempre é fácil identificar um mau uso do procedimento, e que essa dificuldade se pronuncia contra a utilidade do imperativo categórico como um princípio guia de ação"[64]. Assim, segundo Wisnewski, "a afirmação de que o imperativo categórico é um guia de ação útil pode ser rejeitada"[65]. Além disso, ao examinar o argumento da máxima, Wisnewski acrescenta que, insistir que o imperativo categórico seja procedimental e nos diga o que devemos fazer, é uma representação errada, pois o

---

64. WISNEWSKI, *Wittgenstein and Ethical Inquiry*, 2007, 35, tradução nossa.
65. Ibid., 36, tradução nossa.

imperativo categórico não pode nos dizer que comportamento devemos ter, embora possa dizer que máximas devemos adotar.

Segundo Wisnewski, "a forma do imperativo categórico é um meio de apreender a lógica dos julgamentos morais. O próprio imperativo categórico, contudo, não ordena nada em particular [...]"[66]. Para desenvolver essa ideia, o autor diferencia regras que são regulativas de regras constitutivas, sendo que as regras regulativas seriam aquelas que prescrevem uma maneira de agir, o que ele ilustra com o exemplo de "você deve escovar os dentes após as refeições"[67]. Por outro lado, as regras constitutivas seriam as que têm a forma "x vale como y no contexto c", ao que ele exemplifica escrevendo a respeito do dinheiro, como sendo, a partir de uma regra constitutiva, um papel com o qual podemos pagar por bens e serviços.

A partir disso, ele faz a defesa de que o imperativo categórico seria mais bem compreendido como uma regra constitutiva, o que significaria dizer que ele nos mostra o que vale como raciocínio moral. O ponto frisado por Wisnewski é que o imperativo categórico, diferentemente de uma regra regulativa, não deve ser considerado como um guia de ação.

2.2.4. A casuística

A casuística, talvez por ser uma concepção pouco aceita como teoria, foi deixada de lado na quinta edição do livro

---

66. Ibid., 40.
67. Cf. ibid.

Principles of Biomedical Ethics; então resolvi expor, mesmo que brevemente, em que consiste essa teoria, pois também traz algumas questões relevantes por ter como pressuposto a tese da indeterminação das regras e princípios, posição que contesto com base em Wittgenstein.

A abordagem da casuística propõe um raciocínio baseado em casos particulares, e, a partir desses casos, avalia-se que princípio melhor se adapta à situação, ou seja, pode-se dizer que há uma inversão das teorias anteriores, que partiam de algum princípio para avaliar um caso. Segundo Beauchamp e Childress[68], os casuístas são céticos em relação às regras, aos direitos e às teorias, porque esses não costumam considerar as circunstâncias e os casos precedentes em um dilema biomédico, enquanto o casuísta tenta identificar como uma situação semelhante foi resolvida anteriormente.

Um ponto interessante abordado pelos casuístas é em relação à ética moderna, que eles dizem ser uma espécie de ciência moral filosófica, que usa o modelo de teoria científica para a teoria ética, o que acarreta a consideração de que haja princípios aceitos de forma absoluta e universal. Dessas considerações se segue a crítica dos casuístas em relação à aplicação de princípios aos casos, já que eles dão atenção às particularidades envolvidas, como se os casos falassem por si mesmos e não fosse preciso nenhum princípio para fazer um julgamento moral. Porém, conforme enfatizam Beauchamp e Childress, para o julgamento moral é essencial que ocorra a interpretação dos casos, e os

---

68. Cf. BEAUCHAMP, T. L.; CHILDRESS, J. F., *Princípios de ética biomédica*, trad. Luciana Pudenzi, São Paulo, Loyola, ⁴2002, 114.

princípios e a teoria auxiliam muito para que tal interpretação possa ser feita. Tal ideia também foi indicada por Nelson, que, embora defenda um modelo de julgamento especializado, admite a importância de regras e princípios que guiem as ações, mesmo que esses dependam ainda da sabedoria prática.

Por fim, o maior problema enfrentado pela casuística é o da justificação, pois, como os casos de dilemas clínicos podem ser resolvidos das mais diferentes formas, pode haver, aparentemente, muitas respostas corretas aceitáveis para uma mesma situação, ou seja, "sem uma estrutura estável de normas gerais, não há controle sobre o julgamento e não há maneira de prevenir convenções sociais preconceituosas ou insatisfatoriamente formuladas"[69].

Considero que a casuística, conforme abordada por Beauchamp e Childress, vai ao encontro da concepção antiteórica do autor apresentado e aponta algumas falhas no que se refere à mera aplicação de regras e princípios, ponto no qual também concordo. No entanto, sigo com diferentes conclusões. Por perceber a fragilidade das regras e princípios, e o quanto eles podem deixar a desejar, a casuística propõe que os casos devam ser analisados sem que haja qualquer parâmetro além dos casos semelhantes ocorridos anteriormente, ou seja, descartam a possibilidade de aplicação de qualquer regra ou princípio. Ou seja, se há uma indeterminação completa de regras, então a casuística está certa.

Contudo, o que busco mostrar, por meio dos escritos de Wittgenstein sobre indeterminação e do modelo de julga-

---

69. Ibid., 120.

mento especializado de Nelson, bem como do próprio principialismo, é que as regras e princípios têm um papel muito importante para garantir a justiça e a equidade de atendimento a todas as pessoas. A atitude teórica desses autores diante da crítica a uma suposta indeterminação das regras, conforme examinei, é a de salientar o papel das virtudes e da *phronesis* ou sabedoria prática, que, engrandecidas pela experiência e pelo conhecimento do máximo de fatores envolvidos em um caso clínico, garantirão a aplicação adequada de regras e princípios, evidenciando que esses possuem um conteúdo normativo.

Enfim, com o intuito de conciliar as diferentes perspectivas trazidas por cada teoria ética, Beauchamp, favorável a uma teoria ética utilitarista, e Childress, que defendia uma ética deontológica, uniram-se para analisar os princípios morais que seriam mais próprios de ser aplicados à medicina, já que perceberam que as teorias éticas, mesmo as mais aceitas, se tomadas individualmente, eram insuficientes e falhas para o contexto biomédico. Por isso optaram por adotar princípios que tivessem validade *prima facie* e que não fossem propriamente uma teoria ética geral, mas sim uma proposta pluralista que estivesse além das limitações de abrangência que cada teoria apresenta, e servisse de guia para as decisões dos profissionais da saúde, sem se comprometer com uma das teorias em particular, o que dialoga muito com a perspectiva ética de Wittgenstein.

Assim, por meio da análise dos princípios da justiça, autonomia, beneficência e não maleficência, os autores puderam perceber semelhanças entre as teorias éticas defendidas por cada um deles, e possibilitar um debate com mais clareza a respeito de questões que transcorrem no dia a dia dos médicos e profissionais da saúde, como o consentimento informado e quando uma pessoa pode ser considerada autônoma; fatores que, ao serem analisados à luz da proposta principialista, dão ainda maior confiabilidade a essa forma de pensar a ética biomédica.

2.3. Beneficência e paternalismo

Conforme salientado por Beauchamp e Childress[70], concordo que moralidade requer mais que respeito à autonomia das pessoas e evitar causar dano; é preciso também agir de forma beneficente, já que os profissionais da saúde, particularmente, são requisitados para promover a saúde, e não simplesmente para não causar dano. A partir disso, os autores definem o princípio da beneficência como "uma obrigação moral de agir para o bem dos outros"[71]. Claro que o princípio da beneficência nos obriga a agir em alguns casos, não em todos, pois, se tivéssemos a obrigação de ajudar todas as pessoas, esse princípio seria inviável, porque exigiria demais dos sujeitos morais. Aliás, essa é a crítica mais comum feita à teoria utilitarista; por isso, podemos dizer que, no principialismo, o princípio da utilidade adquire uma nova nuance.

Mesmo que vários critérios já tenham sido criados para possibilitar a identificação de quando a beneficência

---

70. Ibid., 165.
71. Ibid., 166, tradução nossa.

é obrigatória e os casos em que a ação está além do que é exigido moralmente, não é nada simples fazer essa delimitação. Assim, com o intuito de especificar o que são obrigações e o que são ideais de beneficência, foram criadas algumas regras morais específicas que, de uma forma geral, nos permitem entender que tipo de obrigações temos em relação à beneficência positiva, tais como proteger e defender os direitos dos outros, impedir que danos ocorram aos outros, afastar condições que causarão danos aos outros, ajudar pessoas com incapacidades e ajudar pessoas em perigo[72].

Há ainda a distinção entre beneficência geral e beneficência específica: a beneficência geral se refere às obrigações que temos em relação a todas as pessoas (ou outros animais), enquanto a beneficência específica seria em relação a amigos, familiares ou em relações contratuais, como a do médico com o paciente (já que o objetivo da medicina é promover o bem-estar dos pacientes).

Beauchamp e Childress[73] ressaltam que a beneficência geral assume mais um caráter de ideal moral que de obrigação, pois pretende tornar obrigatório o que está além da obrigação moral, exigindo um sacrifício dos agentes que muitas vezes está além das suas capacidades. Então, embora muitas vezes tenhamos uma obrigação moral de ajudar um estranho em perigo, desde que esse ato não nos traga danos maiores que o benefício esperado, nossas maiores obrigações são nos casos de beneficência específica, para as quais os autores[74]

---

72. Ibid., 167, tradução nossa.
73. Ibid., 169.
74. Ibid., 171, tradução nossa.

enumeram algumas condições nas quais uma pessoa tem uma determinada obrigação de beneficência para com outra, que seriam situações de risco, em que a ação beneficente é necessária e não traz grandes riscos ao benfeitor.

Assim, podemos também perceber mais claramente a diferença entre o princípio de não maleficência e o da beneficência, pois a ideia de não causar dano é uma obrigação nossa com todas as pessoas, enquanto, no caso do princípio da beneficência, não temos obrigação de ajudar todos e em quaisquer condições, até mesmo porque isso estaria, muitas vezes, não só além do moralmente exigível, mas também das nossas possibilidades.

Dentro das obrigações da beneficência específica, como no caso das relações entre médico e paciente, mesmo preenchendo as condições expostas anteriormente, há outro fator em jogo além da obrigação do médico de contribuir para o bem-estar do paciente em questão. Mesmo considerando que o médico seja quem tem mais conhecimento e experiência para determinar os melhores interesses do paciente e agir para promover seu bem-estar, a recusa dos desejos ou escolhas do paciente gera um conflito com o princípio da autonomia, e ações médicas desse tipo são chamadas de "paternalismo". Então, de modo geral, podemos identificar uma ação paternalista como um conflito entre o princípio da beneficência e o princípio da autonomia.

Beauchamp e Childress lembram que esse problema é recente, já que a relação médico-paciente costumava ter certa hierarquia, em que o médico tomava todas as decisões e só ele tinha acesso à maior parte das informações que diziam respeito ao paciente, e este se submetia às decisões e concepções do que lhe seria mais interessante, segundo o médico.

Como essa relação tem mudado muito, os pacientes requerem todas as informações referentes ao seu tratamento e suas necessidades, de modo que passaram a participar das decisões juntamente com o médico. O que ocorre é que muitos médicos acreditam que têm mais conhecimento do que é o melhor ao paciente que ele próprio, de modo que nem sempre respeitar a autonomia do paciente parece uma decisão acertada. Ou seja, embora toda ação paternalista restrinja a escolha autônoma, esse tipo de ação se caracteriza por ser justificada pelo médico como sendo para beneficiar o paciente ou evitar que ele sofra danos provenientes de sua escolha.

Uma das definições trazidas por Beauchamp e Childress é a de que paternalismo é "quando uma pessoa conhece as preferências da outra e age intencionalmente de forma contrária, justificando essa ação pelo objetivo de beneficiar ou evitar danos para a pessoa que teve suas preferências contrariadas"[75]. Conforme lembram os autores, essa definição é neutra e não esclarece se a atitude paternalista do médico é realmente justificável ou não.

Além disso, em alguns casos, uma ação aparentemente paternalista pode não ser, como no caso da decisão de que prisioneiros não podem ser sujeitos de pesquisa, bem como pessoas saudáveis doadores de órgãos, sem parentes como receptores, e pacientes com câncer que se dispõem a participar de pesquisas são tratados da mesma forma, pois, nesse

---

75. Ibid., 178, tradução nossa.

caso, entende-se que essas pessoas podem estar sendo coagidas por alguma situação e que seu consentimento não é válido. Esses eventos de intervenções nas preferências das pessoas são apontados por Beauchamp e Childress[76] como comuns nos debates referentes às políticas públicas, e não são considerados puramente paternalistas porque têm razões não paternalistas, como a proteção a terceiros.

Além desses casos em que a ação não é completamente paternalista, os autores defendem que, em alguns casos, a autonomia de um paciente pode ser justificadamente restringida com base na beneficência, e esse posicionamento pode ser mais bem compreendido se falarmos em termos de paternalismo forte e fraco.

O paternalismo fraco compreende intervenções de beneficência ou de não maleficência do profissional da saúde, quando se entende que as habilidades do paciente estão, de alguma forma, debilitadas. Isso ocorre, por exemplo, no caso de pessoas com forte depressão ou que dão um consentimento ou recusam um tratamento sem que as condições tenham sido adequadamente informadas, ou seja, situações em que os pacientes não estão agindo de forma realmente autônoma ou não substancialmente voluntária, já que desconhecem algumas das condições importantes à decisão, por incapacidade gerada por alguma doença ou distúrbio psicológico, que as impede de deliberar racionalmente, ou pela simples falta de conhecimento.

No caso do paternalismo forte, o que se tem é uma desconsideração da decisão autônoma e voluntária do paciente

---

76. Cf. ibid., 179.

em nome de uma pretensa autoridade médica e sob a justificação de que o objetivo dos profissionais da saúde é promover o bem-estar do paciente, de modo que os médicos se sentem autorizados a fazer isso para proteger o paciente. Como se pode perceber, não há aqui problemas com a habilidade do paciente de agir autonomamente ou de ter suas escolhas consideradas suficientemente autônomas, pois, no caso das ações que se encaixam como paternalismo forte, mesmo as escolhas arriscadas que o paciente faz, são informadas, voluntárias e autônomas, e, apesar de tudo isso, o médico opta pelo que ele próprio considera o bem do paciente.

De acordo com o que foi escrito acima, segue-se que o paternalismo fraco nem ao menos deveria ser chamado de paternalismo, já que parece, nesse caso, dever do médico zelar pelo bem-estar do paciente, quando este não está em condições de fazê-lo autonomamente. Por outro lado, o paternalismo forte é alvo de muitas críticas e exige maior discussão, pois, em nome da proteção do paciente, o médico desrespeita o princípio da autonomia, ou pelo menos é isso que os antipaternalistas alegam. Essa intervenção paternalista do médico suscita preocupações, principalmente porque, segundo alegam alguns antipaternalistas, ao abrir espaço para a restrição da autonomia de uma pessoa em favor da beneficência, pode haver abuso de poder, e, autorizando esse tipo de intervenção, estaríamos autorizando que instituições que cuidam da saúde, médicos e enfermeiros passem por cima dos planos dos pacientes e de suas preferências, em muitos casos.

Então, em relação aos conflitos entre autonomia do paciente e beneficência dos médicos, Beauchamp e Childress[77] apontam três principais posições defendidas em relação a justificabilidade do paternalismo: a do antipaternalismo, a do paternalismo justificado que apela a alguma formulação ao princípio de respeito à autonomia, e a do paternalismo justificado, que recorre principalmente a princípios de beneficência.

A posição antipaternalista, conforme já citada anteriormente, se funda principalmente no discurso de que o paternalismo forte viola direitos individuais e que os profissionais que agem dessa forma não respeitam a concepção de bem do paciente e impõem as próprias concepções. Por outro lado, os que defendem um paternalismo com base na autonomia justificam suas ações por meio da ideia de consentimento, ou seja, consideram que, se o paciente estivesse em perfeitas condições de deliberar, consentiria que os médicos agissem em seu benefício.

Para tornar esse ponto mais claro, apresento a seguir as condições que, segundo Beauchamp e Childress, justificariam esse tipo de ação paternalista:

1. Quando os danos prevenidos ou os benefícios prestados à pessoa forem maiores que a perda da independência e o sentimento de invasão que a intervenção causa;
2. Quando a condição da pessoa limitar gravemente sua habilidade de fazer uma escolha autônoma;

---

77. Ibid.

3. Quando a intervenção for universalmente justificada sob circunstâncias relevantemente similares;
4. Quando o beneficiário da ação paternalista tiver consentido, irá consentir ou iria consentir racionalmente que tais ações fossem feitas a seu favor[78].

E, finalmente, os que sustentam um paternalismo com base na beneficência veem a intervenção paternalista justificada pelo bem-estar do paciente, e não por suas escolhas autônomas. Ou seja, não se pensa, em tal situação, se a pessoa consentiria nessa ação caso estivesse em condições de agir autonomamente, ou mesmo que estivesse em condições, já que a ação paternalista aqui prevalece por privilegiar o que o médico considera como sendo o bem do paciente, e não as escolhas autônomas deste. Nesse caso, o que justifica o paternalismo é a beneficência, e não a autonomia presumida.

Apesar de a defesa de um paternalismo forte ser polêmica, Beauchamp e Childress trazem algumas condições nas quais essa atitude é justificável, que basicamente consistem em situações nas quais, por meio da ação paternalista, pode ser evitado um grande dano, com o mínimo possível de restrição da autonomia[79].

Os autores salientam que, embora as condições expostas acima justifiquem o paternalismo forte em uma série de casos, eles acrescentariam ainda uma quinta condição, que exigiria que uma ação paternalista não restringisse a auto-

---

78. Ibid., 183, tradução nossa.
79. Ibid., 186.

nomia substancialmente[80]. Ou seja, eles entendem que uma ação paternalista não deve desrespeitar interesses autônomos vitais ou substanciais, como no caso de crenças religiosas ou planos de vida do paciente.

Apesar dessas ressalvas, Beauchamp e Childress[81] alertam que há exemplos em que, mesmo que a autonomia do paciente seja restringida substancialmente, a primazia da beneficência sobre a autonomia é justificável, pois, em geral, quando aumenta o risco de um dano irreversível ao paciente, aumenta também a probabilidade de uma intervenção paternalista ser justificável.

A partir do que foi dito, percebemos que determinar se uma ação paternalista é justificável exige não apenas princípios norteadores, mas também uma boa capacidade de julgamento para saber aplicá-los nos diferentes conflitos, percebendo qual princípio deve ter primazia em uma determinada situação, de modo que, mais uma vez, podemos perceber o papel das virtudes morais na ética biomédica.

2.4. O princípio da autonomia e o conceito de pessoa

Conforme pudemos constatar pelo item anterior, a autonomia é um ponto importante na ética biomédica, que implica o respeito do profissional da saúde aos pontos de vista individuais dos pacientes. Respeitar uma pessoa como um indivíduo que possui as próprias crenças, cultura e

---
80. Ibid.
81. Ibid., 187.

valores nem sempre é uma tarefa fácil, e a obrigação do profissional da saúde é respeitar as escolhas que o paciente faz, salvo exceções, como em casos em que essas decisões não são tomadas de forma substancialmente autônoma e podem acabar causando danos a outras pessoas.

As noções morais que os indivíduos aceitam não são criadas por eles, mas são escolhidas, e podem ser provenientes de religiões, culturas, da família ou da localidade onde vivem, por exemplo. Assim, o que faz a ação dessa pessoa ser autônoma é que ela escolheu princípios morais para serem seus, e isso deve ser respeitado[82].

De acordo com a origem grega da palavra "autonomia", esta se refere ao autogoverno, ou seja, ser autônomo é ter a capacidade de se governar de acordo com suas escolhas particulares. No contexto biomédico, porém, surge a defesa de que, embora ser autônomo seja ter a capacidade de escolha, a pessoa não tem a obrigação de escolher, embora tenha o direito. Exemplo disso são os casos em que o paciente prefere não saber seu estado de saúde ou tomar decisões a respeito de receber ou não algum tratamento; essa também é uma forma de exercer sua autonomia. Nesse caso, um médico que, mesmo sabendo da posição do paciente, revelasse sua situação, os tratamentos e riscos envolvidos, estaria violando a autonomia do paciente em questão.

São frequentes os problemas de violação da autonomia no contexto biomédico, sendo que esses ocorrem muitas vezes por causa do conflito entre a autoridade do médico e a autonomia do paciente. Tal conflito pode ser gerado

---

82. Ibid.

quando um paciente está em condição de dependência, mas não aceita a autoridade do médico, ou mesmo quando os médicos assumem, indevidamente, uma posição autoritária sobre seu paciente.

Tendo em vista a complexidade do princípio de respeito à autonomia, Beauchamp e Childress propõem algumas regras morais específicas que os médicos poderiam seguir, a fim de garantir a autonomia dos pacientes:

1. Falar a verdade.
2. Respeitar a privacidade dos outros.
3. Proteger as informações confidenciais.
4. Obter consentimento para intervenções nos pacientes.
5. Quando solicitados, ajudar os outros a tomarem decisões importantes[83].

Essas regras, embora simples e talvez insuficientes para elucidar todos os casos em que a aplicação do princípio da autonomia parece difícil, nos explicam, em linhas gerais, como os profissionais da saúde poderiam tratar os pacientes adequadamente. Quanto ao item 4, farei uma análise na seção a seguir, já que obter o consentimento do paciente antes de qualquer intervenção é indispensável em termos de autonomia.

Antes ainda de considerarmos uma pessoa autônoma, faz-se relevante analisarmos o uso do próprio conceito de pessoa, que na bioética se encontra entrelaçado com o conceito

---

83. Ibid., 65, tradução nossa.

de autonomia, conforme podemos perceber no Relatório Belmont. Ao falar do respeito pelas pessoas, o Relatório já inclui a ideia de que os indivíduos devem ser tratados como agentes autônomos e que pessoas com autonomia reduzida têm direito a proteção. Na sequência, o relatório faz ressalvas sobre o que seria um agente autônomo, a saber, "um indivíduo capaz de deliberar sobre objetivos pessoais e agir a partir de sua própria deliberação"[84]. Ou seja, o conceito de pessoa não é examinado particularmente, mas tem-se como pressuposto de que seja pessoa todo indivíduo agente capaz de ser autônomo e livre. Assim, consideramos que "pessoa" seja todo indivíduo agente com autonomia (mesmo que reduzida), e que desrespeitar um agente autônomo é "repudiar os julgamentos dessa pessoa, é negar sua liberdade de agir a partir deles [...]"[85].

Percebemos ainda, a partir do Relatório Belmont, que mesmo indivíduos que ainda não amadureceram sua capacidade de se autodeterminar, ou a tiveram prejudicada por doenças ou distúrbios mentais, devem ser protegidos enquanto pessoas imaturas ou incapacitadas, que, por ora, não podem tomar decisões, sendo que "o julgamento de que um indivíduo não possui autonomia deve ser periodicamente reavaliado, e pode mudar em diferentes situações"[86].

---

84. Relatório Belmont, in: DALL'AGNOL, D., *Bioética*, Rio de Janeiro, Zahar, 2005, 50.
85. Ibid.
86. Ibid.

2.5. Condições para o consentimento informado

Costuma-se dizer que, em linhas gerais, para o consentimento informado ser possível, é necessário que o paciente esteja em condições de deliberar, em termos de saúde mental e psicológica, e obter todas as informações relevantes para que possa tomar a decisão de consentir ou recusar algum procedimento.

O consentimento informado é um paradigma básico da autonomia, não só para os profissionais da área da saúde, mas também nos mais variados contextos, como na elaboração de políticas públicas e nas pesquisas. Contudo, conforme escrevem Beauchamp e Childress[87], esse paradigma abrange apenas uma forma de consentimento, enquanto, na prática, considera-se também o consentimento implícito, que é expresso silenciosa ou passivamente por omissões, ou seja, considera-se que o consentimento seja implícito quando, tendo sido questionado acerca de um procedimento, o indivíduo não manifeste nada que seja contrário à sua aplicação. Além desse, outra variedade de consentimento é o consentimento presumido, em que, a partir do conhecimento que se tem sobre valores e escolhas particulares do indivíduo, presumem-se quais escolhas essa pessoa faria ou não em determinada situação. Apesar dessas formas de consentimento, Beauchamp e Childress defendem que o consentimento deve referir-se às escolhas atuais dos indivíduos, e não a pressuposições do que ele escolheria.

---

87. Ibid., 65.

Como referido anteriormente, o consentimento também é assunto para a discussão de políticas, como a de captação de órgãos para transplantes; em alguns estados dos EUA, considera-se que um indivíduo é doador desde que não tenha manifestado oposição em vida, ou seja, teríamos aqui um caso de consentimento implícito ou presumido. O que torna essa atitude problemática é que não se pode presumir que uma pessoa tenha consentido a doação de algum órgão caso ela não conheça a lei, pois, como vimos anteriormente, o consentimento implícito ocorre quando alguém é questionado a respeito de algum procedimento e não se manifesta contra, e o consentimento presumido é quando, pelos valores e pela conduta da pessoa, presumimos que atitude ela teria. A questão é que, caso essa lei não seja conhecida pela pessoa, não podemos dizer que ela teve a opção de negar. Da mesma forma, conforme já salientado anteriormente, um consenso presumido é apenas uma hipótese que não necessariamente tem a ver com a decisão autônoma do indivíduo.

Disso se segue que, segundo Beauchamp e Childress[88], só podemos falar em consentimento caso a pessoa tenha tido acesso à informação, ou seja, se foi feita a pergunta a respeito de sua aceitação ou não de um procedimento. Os autores defendem ainda que o princípio da autonomia não estabelece nenhuma exigência de que apenas a própria pessoa possa dar, diretamente, seu consentimento, de modo que outras variedades de consentimento, como as apontadas acima, podem ter seu papel na ética biomédica[89].

---

88. Cf. BEAUCHAMP; CHILDRESS, *Principles of Biomedical Ethics*, 2001, 66.
89. Cf. ibid., 67.

3
Contribuições wittgensteinianas para a bioética global

3.1. Bioética global: Potter

Potter, em 1971, publica *Bioethics: the Bridge to the Future (Bioética: a ponte para o futuro)*, preocupado com a natureza do conhecimento humano, bem como com desenvolvimento de um entendimento real do conhecimento biológico e sua limitação, o que seria feito pela bioética[1]. Ele afirma que o ambiente natural do ser humano não é ilimitado e que a educação deve servir

---

1. Cf. POTTER, V. R., *Bioethics. Bridge to the Future*, New Jersey, Prentice-Hall/Englewood, 1971, 1, tradução nossa.

para ajudar as pessoas a entenderem a natureza do homem e sua relação com o mundo, de modo que a sobrevivência do mundo pode depender de uma ética baseada no conhecimento biológico.

Para Potter, haveria a necessidade de um saber que fornecesse o "conhecimento sobre como usar o conhecimento", a fim de garantir a sobrevivência humana e sua qualidade de vida. O saber consistiria em um guia de ação, ou seja, saber como usar o conhecimento para o bem social, ao que ele se refere como "ciência da sobrevivência". Esta deveria ampliar os limites da ciência da biologia, incluindo os elementos mais essenciais das ciências sociais e humanidades, com ênfase na filosofia, em estrito senso, por ser considerada um "amor à sabedoria". A proposta é que, pela bioética, se tenha algo mais que uma ciência sozinha. Potter propõe uma área que consiga unir conhecimento biológico e valores humanos.

O autor nos relembra o fato de que dependemos das plantas e dos animais para sobreviver, e, à medida que não cuidamos da natureza de um modo geral, é nossa própria possibilidade de vida que está em questão. Assim, Potter alerta que, como indivíduos, não podemos deixar nosso destino nas mãos de cientistas, engenheiros, tecnólogos e políticos, que se esqueceram ou nunca tiveram consciência desses simples fatos. Segundo ele, o conhecimento de botânicos e zoologistas não deve ser limitado a sua área de atuação. Hoje, precisamos de biólogos que respeitem a fragilidade da organização da vida e que ampliem seus conhecimentos para incluir a natureza humana e sua relação com o mundo físico e biológico. Precisamos de biólogos que nos falem o que podemos e devemos fazer para sobreviver, e o que podemos e devemos fazer se esperamos manter e melhorar a qualidade de vida durante as próximas décadas. Deixar a integração, preservação e extensão do conhecimento que se tem a um número relativamente pequeno de pessoas é algo que só há pouco tempo começou a ser percebido como um procedimento inadequado, visto a grandeza dessa tarefa. Potter acrescenta ainda que deveríamos incentivar esse estudo nas escolas, de modo que as crianças aprendessem, tanto quanto possível, a vincular o conhecimento biológico com todo tipo de conhecimento que fossem capazes de dominar, como ciências sociais e humanidades, e se tornassem, se seus talentos permitirem, os líderes de amanhã.

O autor salienta também que é necessária uma nova disciplina para suprir modelos de modos de vida para pessoas que possam se comunicar com outras e propor e explicar as novas políticas públicas que façam uma "ponte para o futuro". A nova disciplina seria planejada no calor das crises e problemas diários que requerem algum tipo de mistura entre biologia básica, ciências sociais e humanidades, de modo que seja uma ética interdisciplinar que inclua ciências e humanidades. Assim, diferentemente do sentido que se dá à bioética hoje, de uma ética voltada aos dilemas clínicos, a proposta de Potter é de um conhecimento que una saber científico e saber das ciências humanas, a fim de conciliar o progresso com a vida humana na Terra.

Do ponto de vista wittgensteiniano, o trabalho de Potter tem uma excelente clareza, pois traz plena noção da distinção entre o âmbito da ciência e o âmbito da moral, mas, ao mesmo tempo chama atenção para a importância das áreas de humanas trazerem suas contribuições para que o sentido e os valores humanos não sejam deixados de lado.

Assim como no pensamento de Wittgenstein, Potter não busca em nenhum momento defender um cientificismo exacerbado ou um anticientificismo, mas sim mostrar o quanto, enquanto seres humanos, necessitamos atentar para essas duas abordagens: por um lado, a científica, dos fatos, da biologia, sobretudo da biotecnologia, e, por outro, os valores, a ética, o âmbito do místico e de tudo o que dá sentido à vida humana e que deve andar lado a lado com as descobertas científicas.

Essa abordagem dos valores deve estar presente tanto na bioética clínica, ante todos os tratamentos e as possibilidades que a biotecnologia possibilita aos pacientes, mas não necessariamente serão desejados por eles, quanto na bioética global, em que podemos tomar como exemplo a biotecnologia aplicada à produção de sementes transgênicas e seus possíveis impactos na saúde humana e no ambiente em geral.

3.2. O anticientificismo ético e a perspectiva wittgensteiniana da noção de progresso

A obra *Tractatus Logico-Philosophicus* é uma ferramenta que esclarece alguns limites de nossa linguagem e apresenta distinções importantes entre fatos e valores, conforme apresentado anteriormente. Essas distinções apresentadas por Wittgenstein nos ajudam a compreender por que a ética faz parte de um âmbito diferente do da ciência, e, tendo essa distinção em mente, muitos dos problemas éticos se mostram como pseudoproblemas filosóficos, pois, ao tentar dizer proposicionalmente o que apenas se mostra, ou, como diz o autor, buscar fazer teorias éticas da mesma forma que se faz na ciência, é correr contra os limites da linguagem.

Ao mesmo tempo que são âmbitos distintos, o progresso científico é acompanhado pelas questões humanas acerca de valores e sentido. A bioética, em sentido global, como proposto por Potter, abrange assuntos que vão desde o progresso científico tecnológico e a mentalidade que o acompanha, até as preocupações com o ser humano diante dessas mudanças. Por isso, podemos considerar que Wittgenstein tem muitas contribuições a fazer sobre esse tema, visto que, tanto nas obras *Tractatus Logico-Philosophicus* quanto em *Cultura e valor*, percebe-se nitidamente sua preocupação com a mentalidade cientificista e em mostrar as limitações da ciência no que se refere a proporcionar um horizonte de sentido à vida humana.

No *Tractatus*, embora a princípio seja considerada uma obra sobre lógica, há um forte teor ético, atestado por muitos comentadores e pelo próprio autor em uma carta a von Ficker[2]. Essa parte ética do *Tractatus* consiste em mostrar

---

2. Cora Diamond cita comentários sobre ética que Wittgenstein teria escrito em uma carta a von Ficker antes da publicação do *Tractatus*: "Meu trabalho consiste em duas partes: uma apresentada aqui mais tudo aquilo que eu não escrevi. E é precisamente esta segunda parte que é a importante" (CORA DIAMOND apud CRARY, A.; RUPERT, R., *The New Wittgenstein*, 2000, 152, tradução nossa). Essa parte não escrita seria a ética, que, por transcender o âmbito do que pode ser expresso por meio das proposições com sentido, é indizível.

que a ética não se deixa exprimir e que, portanto, ela é transcendental. Para Wittgenstein, a ética nada tem a ver com ciência nem pode usar seus métodos para resolver as próprias questões. Isso fica bem claro quando Wittgenstein escreve que, "mesmo que todas as questões científicas possíveis tenham obtido resposta, nossos problemas de vida não terão sido sequer tocados"[3]. Esta frase, na verdade, resume, de certa forma, toda defesa feita anteriormente, da diferenciação que o autor faz entre o âmbito dos fatos e dos valores.

Além dessas ressalvas a respeito da limitação da ciência e da transcendentalidade da ética, apontadas por Wittgenstein no *Tractatus*, o autor examina a questionável noção de progresso que diz predominar em sua época. Já na epígrafe das *Investigações filosóficas*, Wittgenstein expõe sua visão de progresso por meio de uma citação de Nestroy: "De modo geral, o progresso parece ser muito maior do que realmente é". Esta frase expressa a desconfiança quanto ao aspecto ilusório proporcionado pela ciência e por seus avanços, que parecem indicar que todos os problemas do ser humano serão solucionados por ela. Além disso, conforme já pudemos ver no *Tractatus*, Wittgenstein afirma que a resolução das questões científicas não resolve nossos problemas de vida, ou seja, nossos questionamentos sobre o sentido, que pertencem ao domínio da ética. Essa questão é reforçada em *Cultura e valor*, onde o autor nos chama a atenção para o fato de que as descobertas e os avanços tecnológicos são vistos por nós, muitas vezes, como coisas que vão mudar nossa realidade, e que, no geral, nossas expectativas não são correspondidas.

---

3. WITTGENSTEIN, *Tractatus Logico-Philosophicus*, 1993, 6.52.

Antes que os aviões existissem, as pessoas sonhavam com aviões e imaginavam como seria o mundo em que eles existissem. Mas, assim como a realidade não é nem um pouco parecida com o que sonhamos, não temos nenhuma razão para pensar que o futuro se transformará naquilo que sonhamos agora. Pois nossos sonhos são repletos de futilidades, como os chapéus de papel e as máscaras[4].

Embora, a princípio, Wittgenstein possa parecer excessivamente pessimista, suas observações sobre progresso e ciência partem de sua observação da sociedade em que vive e suas transformações. Dessas observações, o autor escreve sua filosofia e contribui muito para nossa análise da tecnologia e da ciência, e como essas afetam a humanidade, nos levando, portanto, a pensar em uma bioética global.

Um dos pontos importantes para a bioética ou para qualquer teoria ética, de modo geral, é a preocupação de Wittgenstein com o funcionalismo que rege os caminhos do progresso. Ele nos chama a atenção para o fato de que, a tudo que podemos atribuir uma função, deveríamos também poder pensar esse objeto em um contexto em que ele fosse valioso por si mesmo, e não como mero meio.

Penso que poderia ser considerado como uma lei básica da história natural que, onde alguma coisa na natureza "tenha uma função", "sirva a um propósito", essa mesma coisa possa também ser encontrada em circunstâncias

---

4. Id., *Culture and Value*, trad. Peter Winch, Chicago, University of Chicago Press, 1984, 41, tradução nossa.

em que não sirva a nenhum propósito e, mesmo, que seja "disfuncional"[5].

O autor considera a mentalidade funcionalista problemática, na medida em que deteriora as relações humanas; fato que ele expressa em *Cultura e valor*: "Frequentemente eu não consigo distinguir a humanidade em um homem"[6]. Sabemos que a preocupação de que o ser humano seja utilizado como mero meio já era uma preocupação de Immanuel Kant, mas Wittgenstein a amplia às coisas em geral, pois, para as coisas, não poderiam ser todas simplesmente vistas somente como matérias-primas para o progresso, mas também por seu valor fora desse contexto materialista.

> Nossa civilização é caracterizada pela palavra "progresso". [...] Ela é tipicamente construtora. Ocupa-se com a construção de uma estrutura cada vez mais complicada. E mesmo a claridade é apenas um meio para este fim, não como um fim em si mesmo. Para mim, ao contrário, claridade e transparência são valiosas em si mesmas[7].

A inquietação do autor com o progresso é ilustrada por diversos comentários, entre eles: as guerras cada vez mais catastróficas que o progresso tecnológico possibilitou; a responsabilidade que o autor coloca à ciência e à indústria de terem causado misérias infinitas à humanidade, contexto

---

5. Ibid., 72, tradução nossa.
6. Ibid., 1.
7. Ibid., 7.

no qual ele diz que a paz deve ser a última coisa que se conseguirá com esse progresso; e, por fim, escreve sobre a consequência dessa visão cientificista que predomina em sua época, que Wittgenstein considera uma época sem cultura, na qual desaparecem certos meios de expressar algum valor humano[8].

> Ciência e indústria, e seu progresso, podem se tornar a coisa mais duradoura no mundo moderno. Talvez nenhuma especulação sobre um futuro colapso da ciência e indústria seja, no presente e por um longo período de tempo, nada mais que um sonho; talvez ciência e indústria, que causaram infinitas misérias com seu processo, unirão o mundo no sentido de condensá-lo em uma unidade, embora uma unidade na qual a paz é a última coisa que encontrará lar. Porque ciência e indústria decidem guerras, ou ao menos assim parece[9].

O avanço da tecnologia e da ciência, desde a revolução industrial até nossos dias, é motivo de questionamento para pensadores das mais diversas áreas, porque, além de trazer mudanças bruscas às nossas relações de trabalho, familiares, e à nossa forma de ver o mundo, não sabemos exatamente aonde se quer chegar, ou mesmo o que fazer quando se conseguir atingir a meta, se houver uma. Nas tecnologias aplicadas à vida, podemos presumir que o objetivo seja estender a vida humana por meio de tratamentos,

---

8. Cf. ibid.
9. Ibid., 63.

transplantes e órgãos artificiais, por exemplo. Nas tecnologias aplicadas à indústria e à agricultura, a meta parece ser, simplesmente, gerar lucros cada vez maiores, mesmo que para isso seja necessário destruir o planeta e explorar pessoas. Wittgenstein defende que não há nada de bom ou desejável nesse tipo de progresso, que nenhuma verdade é revelada pela ciência e que ela pode, inclusive, levar a humanidade ao próprio fim. Embora o autor não especifique a que espécie de fim está se referindo, podemos pensar em alguns: o fim da humanidade pela inviabilidade da vida na Terra, pela destruição do planeta, em razão da poluição das indústrias, e por nosso consumismo, que estimula empresários, o agronegócio e pecuaristas a destruírem os rios, o solo e o ar; ou ainda pelas guerras, com uso de armas químicas e todo tipo de tecnologia destruidora, ou, finalmente, por deixar de lado os meios de expressar a cultura e fazer dominar a mentalidade cientificista, quando, então, a humanidade talvez se torne alguma outra coisa em que não mais se reconhecerá. Essa inquietação é a mais presente nos escritos de Wittgenstein.

Com isso, podemos ver claramente o desdém do autor pelas descobertas científicas, e que ele não crê que a ciência tenha algo bom a nos apresentar, pois, juntamente com seu progresso, traz muitas desgraças. Esse pensamento vem mais uma vez reforçar a concepção do autor a respeito das diferenças e limitações da ética e da ciência, reafirmando que a ideia de que alguma verdade poderá ser conhecida pela ciência é ilusória, ou pelo menos alguma verdade relacionada ao seu sentido e o valor.

Não é absurdo, por exemplo, acreditar que a era da ciência e da tecnologia é o começo do fim da humanidade; que a ideia de grande progresso é uma ilusão, assim como a ideia de que a verdade finalmente será conhecida, que não há nada de bom ou desejável no conhecimento científico e que a humanidade, ao procurá-lo, está caindo em uma armadilha[10].

Assim, busco salientar em que aspecto Wittgenstein é um anticientificista, pois, embora o anticientificismo dele seja muitas vezes entendido, equivocadamente, como uma atitude contra a ciência, podemos perceber em suas obras que não se trata disso. Talvez pudéssemos eliminar essa interpretação equivocada se utilizássemos a palavra "não cientificista", já que "anticientificista" gera uma dupla interpretação, que pode abranger tanto *uma posição contra a mentalidade cientificista positivista que o autor critica*, como uma postura contra a própria ciência de modo geral, o que sabemos que não é o caso.

Conforme pudemos constatar desde o *Tractatus* e ainda mais em *Cultura e valor*, a postura receosa de Wittgenstein é a respeito da excessiva confiança depositada na ciência e em seu método, ou seja, a preocupação e a crítica do autor têm como objetos a mentalidade cientificista e a falta de compreensão de que o método científico não pode ser aplicado a todos os âmbitos, por exemplo, à ética.

Assim, a principal implicação dessa postura anticientificista ou não cientificista de Wittgenstein, como pudemos

---

10. Ibid., 56.

perceber, seria no âmbito da ética, pois, quando no *Tractatus* o autor distingue fatos e valores, mostra que o âmbito dos fatos pertence ao domínio científico e pode ser teorizado, e os valores, que apenas se mostram a nós, não sendo como os objetos que a ciência procura explicar; são do âmbito da ética e não podem ser teorizados no sentido de serem tratados como os fatos da ciência. Além disso, a partir da leitura dos escritos de Wittgenstein sobre essa desconfiança em relação à mentalidade cientificista, podemos perceber ainda que grande parte das considerações de Wittgenstein a respeito da ciência e do progresso foi influenciada pelos escritos de Oswald Spengler, um escritor profundamente preocupado com o ser humano diante dos avanços da tecnologia.

3.3. A influência de Spengler no pensamento de Wittgenstein e a perspectiva da bioética global

Oswald Spengler escreve, em seu livro *O homem e a técnica*[11], que o problema da técnica e de sua relação com a cultura e a história começaram a ser objeto de estudo somente a partir do século XIX, momento em que se começa a pensar no sentido e no valor da cultura, principalmente em meio a um ceticismo exacerbado que ganhou força no século XVIII. O autor relata que, a partir do surgimento das cidades fabris, acompanhadas por barcos a vapor e

---

11. SPENGLER, O., *O homem e a técnica*, trad. Erico Veríssimo, Porto Alegre, Meridiano, 1941.

estradas de ferro, tornou-se fundamental pensar no papel que a técnica ocupava na vida humana e qual seria o seu valor social e metafísico. Para tal questionamento, Spengler escreve que surgiu uma vasta gama de respostas, embora duas dessas tenham se destacado para a presente análise. Uma delas é a dos idealistas do classicismo iluminista, que acreditavam que assuntos referentes à técnica, à economia ou ao Estado estavam fora ou abaixo do âmbito da cultura, de modo que faltava a esses pensadores um senso da realidade que os cercava.

Por outro lado, temos os materialistas, cujo ideal de utilidade definia o que consideravam cultura. Para esses, o que fosse útil à humanidade e a livrasse da maior quantidade possível de trabalho seria um elemento legítimo de cultura, pois, ao livrar os seres humanos do trabalho, permitiria os divertimentos e o desfrute da arte, ou seja, a tecnologia traria o que os utilitaristas chamariam de "felicidade do maior número". Nas palavras de Spengler: "Essa felicidade consistia em não fazer nada"[12]. A partir dessa perspectiva, começa a ilusão sobre as conquistas da humanidade, em que o progresso na técnica da economia do trabalho gera um entusiasmo quase religioso, embora, nesse caso, nada se fale sobre a alma. A ideia aqui seria de um paraíso terrestre alcançado pela técnica, conforme escreve Spengler:

> Nada de guerras; não mais diferenças de leis, raças, estados ou religiões; nada de criminosos e aventureiros; nada de conflitos surgidos da superioridade e das diferenças de

---

12. Ibid., 20.

ser das pessoas; não mais ódios ou vinganças, mas apenas um infinito bem-estar por todos os séculos dos séculos[13].

O interessante é que o autor complementa o raciocínio com a crítica a esse exacerbado otimismo na técnica, pois, mesmo que assim fosse, haveria no mundo inteiro um pavoroso tédio que se estenderia à alma humana, o que, segundo Spengler, possivelmente levaria ao suicídio em massa. Mas, como "todo ser humano realmente criador conhece e teme o vazio que se segue à terminação de uma obra"[14], ninguém ousava imaginar para onde esse progresso poderia levar a humanidade, ou qual o fim a que se pretendia chegar com ele, afinal, nada é feito sem que se tenha em vista um fim. No entanto, conforme afirma Spengler, não agrada ao ser humano pensar no fim, no envelhecimento, na morte. Então ele se ilude sob a visão do progresso.

O homem é demasiadamente superficial e covarde para suportar a ideia da mortalidade de todas as coisas vivas. Ele a envolve no otimismo cor-de-rosa do progresso, amontoa sobre ela as flores da literatura, fica a rastejar por trás de uma muralha de ideais para não enxergar nada[15].

Mas voltemos ao conceito de cultura. Para Spengler, "cada obra do homem é artificial, antinatural, desde a produção do fogo até as criações que, nas culturas superiores,

---

13. Ibid., 22.
14. Ibid., 29, grifo do autor.
15. Ibid., 30.

são especificamente consideradas 'artísticas'"¹⁶. E essa arte ou cultura é algo que se contrapõe à natureza, que a desafia e de certo modo a renega, pois, o que quer o homem na busca da imortalidade, senão renegar sua natureza finita? Nesse desafio à natureza que ocorre pelo artificial é que se inicia a tragédia da humanidade, pois a natureza é mais forte do que a ousadia humana, já que ela nos inclui e dependemos dela, de modo que "a luta contra a natureza é uma luta sem esperança, e, no entanto, o homem a leva até o amargo final"¹⁷.

Spengler considera que o governo, a guerra e a diplomacia são técnicas que fazem de agrupamentos de indivíduos um povo organizado, que seria como um "animal que tem uma alma e muitas mãos"¹⁸. Esse abandono do indivíduo priorizando o todo aumentava a importância da organização, desse espírito do todo, de modo que essa interdependência crescente foi se tornando um problema, porque a humanidade tornou-se escrava da própria espécie e de sua cultura¹⁹.

> Nessa interdependência crescente reside a tranquila e profunda vingança da Natureza sobre o ser que lhe arrebatou o privilégio da criação. Esse pequeno criador contra a Natureza, esse revolucionário no mundo da vida, tornou-se o escravo de sua criatura. A Cultura, conjunto das formas artificiais, pessoais e próprias da vida, desenvolve-se até se transformar numa jaula de barras estreitas para a alma indomável. O animal de rapina [o ser humano], que trans-

---

16. Ibid., 69.
17. Ibid.
18. Ibid., 96.
19. Ibid., 98.

formou os outros em seus animais domésticos a fim de os explorar, aprisionou-se a si mesmo[20].

Wittgenstein, contemporâneo de Spengler, também critica a ilusão em torno da tecnologia e o predomínio da visão cientificista de sua época, ao constatar tratar-se de um período caracterizado pela falta de uma cultura em que se expressariam os valores humanos, o que aparece em vários trechos de seu já citado livro *Cultura e valor*[21].

Embora Wittgenstein se preocupe com as consequências do dito progresso científico e tecnológico, o autor não menciona em nenhum momento que sua apreensão seja com as consequências ambientais, a destruição do planeta, a poluição e o aquecimento global, tão apontados hoje. Mesmo considerando que essas questões são de grande importância, a preocupação do autor precede todos esses âmbitos, estando situada no *impacto que a mentalidade cientificista tem sobre o espírito humano, a cultura e o sentido da vida*. O que Wittgenstein atesta é que muitos valores e modos de expressar esses valores desapareceram, já que nada que não seja científico é valorizado em uma geração que preza por agilidade, praticidade e comprovações científicas (que não são compatíveis com as reflexões sobre o sentido e os valores, que demandam tempo e não chegam a respostas últimas).

Assim, a ilusão da civilização tecnológica é de esperar encontrar as respostas a todos seus problemas de vida na ciência, sem perceber que ela simplesmente funciona, não

---

20. Ibid.
21. WITTGENSTEIN, L., *Culture and Value*, 1984.

dando sentido às coisas que descobre ou produz. Do mesmo modo, todas as aplicações tecnológicas, sem uma reflexão ética em busca de sentido, em nada ajudam no sentido de tornar a vida humana mais digna.

3.4. A ética diante das limitações da ciência e da técnica

A ideia que predomina, ao menos nos hospitais norte-americanos, conforme ressaltado por Elliott no capítulo 1, é a da bioética como uma ciência que indica a melhor forma de agir em determinado caso clínico, como se houvesse uma verdade moral. De acordo com os escritos de Wittgenstein, já expostos acima, essa posição cognitivista moral seria questionável, bem como seu extremo, que seria a posição não cognitivista, pois esta nos levaria a considerar que tudo é permitido, enquanto a anterior nos levaria a construir alguma teoria ética universal, e o autor defende uma posição antiteórica em relação à ética, já que sustenta que "a ética é transcendental"[22].

Diferente de qualquer aproximação com o método científico e suas teorias, a vivência da ética é vista por Wittgenstein como forma de perceber o mundo; o autor usa a expressão "intuição do mundo *sub specie aeterni*"[23], ou seja, *sob o modo da eternidade*, que consiste em perceber o mundo como uma totalidade limitada. Essa percepção do mundo *sub specie aeterni* é o sentimento do místico que nos leva a aceitar que

---

22. Id., *Tractatus Logico-Philosophicus*, §6.421.
23. Ibid., 6.45.

haja algo além do mundo que não podemos expressar, mas por meio do qual percebemos finalmente que, "mesmo que todas as questões científicas possíveis tenham obtido resposta, nossos problemas de vida não terão sido sequer tocados"[24]. Com base nessas afirmações encontradas no *Tractatus*, Cora Diamond conclui que, para Wittgenstein: "[...] ética não é objeto de uma matéria em particular; é, antes, um espírito ético, uma atitude diante do mundo e da vida"[25].

Podemos ler em *Conferência sobre Ética*[26] que Wittgenstein nos exibe várias expressões com que define a ética, a fim de dar uma ideia aproximada do que ela se ocupa: a ética pode ser considerada como uma investigação geral sobre o que é o bom; sobre o que é valioso; uma investigação sobre o significado da vida ou o que faz com que a vida mereça ser vivida ou sobre a maneira correta de viver.

Tendo em conta essas definições, percebem-se alguns traços comuns que de certa forma a caracterizam, como a busca de sentido. O sentido que as pessoas, em diferentes culturas e crenças, dão às suas vidas é muito relevante para as elucidações propostas neste livro, tendo em conta as diferentes leituras e considerações que autores contemporâneos fazem de Wittgenstein para a bioética, já que a cultura é uma forma de atribuição de sentido, própria de um grupo, ou, ainda, uma forma de vida. E, dentro da cultura ocidental, ou, sobretudo, da cultura predominante nos

---

24. Ibid., 6.52, grifo do autor.
25. CORA DIAMOND apud CRARY; RUPERT, *The New Wittgenstein*, 2000, 153.
26. WITTGENSTEIN, Conferência sobre ética, ³2005, 216.

EUA, os quatro princípios identificados por Beauchamp e Childress – beneficência, não maleficência, autonomia e justiça – parecem seguir essa linha de pensamento de Wittgenstein, pois não trazem uma resposta última aos dilemas morais, mas traçam princípios gerais de valores importantes dentro dessa cultura. Por ser, de certo modo, uma abordagem precursora nos estudos de bioética clínica, o principialismo posteriormente influenciou a reflexão e a elaboração de diversas outras propostas bioéticas, tanto clínicas quanto globais, com princípios e valores específicos ao contexto de cada cultura, como o caso da bioética da intervenção[27] no Brasil e de outras linhas da bioética latino-americana, que surgiram, de certo modo, a partir do principialismo, seja para criticá-lo, seja para complementá-lo em contextos em que os quatro princípios são insuficientes ou irreais para a realidade específica.

Exemplo dessa diferença de contexto é o que ocorre na realidade brasileira, que lida com tantas dificuldades por conta da desigualdade social, começando pelo acesso à saúde, que, muito antes de se poder pensar na autonomia do paciente ou em como promover a beneficência, deve-se realmente intervir na realidade, fomentando valores como a solidariedade e a justiça social em vista da política e dos direitos humanos.

---

27. Para ter uma base do que é a bioética da intervenção, indico a leitura de Feitosa, S. F.; Nascimento, W. F. A bioética de intervenção no contexto do pensamento latino-americano contemporâneo. *Rev. bioét.* (impr.), 23, 2 (2015) 277-284. Disponível em: https://revistabioetica.cfm.org.br/index.php/revista_bioetica/article/view/1037/1259. Acesso em: set. 2024.

4
Wittgenstein e os princípios da bioética

4.1. Como justificar conclusões morais?

Poderíamos considerar que, assim como existe uma tendência do espírito humano de dizer algo sobre o sentido último da vida, que é a ética[1], temos também a tendência a querer justificar nossas ações, o que é uma questão bastante pertinente no que se refere à bioética. Há sempre esse questionamento pelos métodos, pela justificação, para que a bioética possa ser praticada e ensinada. Conforme ressaltado por

---

1. Cf. WITTGENSTEIN, Conferência sobre ética, ³2005, 224.

Beauchamp e Childress, há um consenso quanto à importância de se ensinar e praticar a ética biomédica, mas não há um acordo sobre que métodos utilizar para alcançar esse objetivo. Esse é um problema não só para a ética biomédica, mas também um tema em filosofia que pode ser examinado à luz de alguns escritos de Wittgenstein.

Ao afirmar sua posição antiteórica em relação à ética e à filosofia, Wittgenstein abriu espaço para uma série de interpretações, equivocadas ou não, da possibilidade da ética. Uma delas é a interpretação particularista citada no capítulo 1, que considera que não existem regras ou princípios capazes de codificar o panorama moral e trata da ausência de uma fórmula justificável para o agir moral como uma evidência de que devemos agir conforme as particularidades de cada caso.

Ao escrever que "a ética não se deixa exprimir", o autor estaria se referindo à inadequação de nossa linguagem para expressar os valores, o que tem muito mais a ver com a distinção entre o que se pode dizer e o que apenas se mostra do que com o comprometimento com algum relativismo ou particularismo na ética. Dessa forma, para Wittgenstein não haveria como justificar a moralidade nem dar uma resposta última e definitiva aos dilemas éticos ou bioéticos, até porque não se trata de uma questão científica ou de algo que possa ser comprovado, mas sim de uma visão de ética como algo pessoal, que interfere na felicidade ou infelicidade do indivíduo.

Outra possível interpretação para a posição antiteórica de Wittgenstein e a consequente impossibilidade de justificação moral é trazida por Elliott. Analisando o conceito de forma de vida, ele chega à proposta de que ética é um modo de se posicionar diante do mundo, e a isso Elliott chama de "niilismo[2] normal". Mais à frente examinaremos que, embora a justificação moral não seja possível dentro dos moldes científicos de justificação, o principialismo "justifica" as ações por meio de princípios que partem da própria prática, pois se baseiam na experiência das ações moralmente aceitas, ao menos na sociedade ocidental, de modo que os princípios da autonomia, beneficência, justiça e não maleficência nos permitem concluir que tipos de ações são mais adequadas em determinados casos. Na verdade, o principialismo não é um modelo científico de como agir moralmente, mas, na necessidade de um guia de ação, os princípios atendem, de certo modo, a nossa necessidade de defender por que agimos de uma forma e não de outra. Ou seja, ao invés de os casos clínicos serem resolvidos mediante mera aplicação algorítmica de regras, ou de adotarmos um particularismo que trata cada caso de uma forma diferente, temos assegurado, por meio dos princípios, a observância de vários fatores envolvidos em um caso, levando em conta valores importantes na sociedade em que foram propostos (EUA), e não uma aplicação mecânica de regras.

---

2. Embora o termo "niilismo" tenha sido consagrado por Nietzsche, o uso que Elliott faz desse termo toma outros rumos. Para Nietzsche o niilismo seria uma espécie de "crença na descrença", ou uma negação da verdade ou validade dos valores morais existentes, em que a liberdade da vontade superaria esses valores, dando origem ao que o autor chama de "super-homem" (cf. NIETZSCHE, F., *A gaia ciência*, trad. Paulo César de Souza, São Paulo, Companhia das Letras, 2001). Por outro lado, para Elliott, a expressão "niilismo normal" se refere à percepção das diferenças quanto à moralidade e à percepção de que nossos valores não são "os corretos", o que nos levaria a respeitar os valores e as crenças de cada forma de vida, e não a negá-los.

As necessidades apontadas por Elliott, James Nelson e Little, por exemplo, fazem referência à fragilidade das regras; eles problematizam o fato de que uma teoria ética possa resolver nossos dilemas, mas percebemos que, embora tragam interessantes discussões, ainda são um tanto quanto vagos quanto ao que fazer em bioética, em como agir. Afinal, seja como particularista, niilista[3] ou propondo um julgamento especializado, ainda não resolvemos os dilemas clínicos, pois essas posições podem nos levar a atitudes arbitrárias ou a um ceticismo quanto à aplicabilidade das regras (o que não creio ser a posição de Wittgenstein), visto que cada caso tem particularidades que podem não estar previstas pela regra.

No capítulo 1, vimos a preocupação de James Nelson com um julgamento especializado, em que os exemplos e a virtude teriam grande valia na aplicação das regras. Vimos as críticas de Little às teorias éticas generalistas e uma reflexão acerca do particularismo moral. Com as ideias de Elliott a respeito de cultura e das formas de vida, chegamos, portanto, ao que Elliott chama de "niilismo normal", que consistiria em *tomar as decisões clínicas dando atenção à cultura em que o caso clínico está inserido*; proposta que examinaremos melhor a seguir.

Como diria Wittgenstein, as regras têm lacunas[4] e as práticas precisam falar por si mesmas[5]. Ante essas lacunas que as regras, bem como qualquer tentativa de teoria ética, apresentam, o principialismo propõe guias gerais de ação que

---

3. O niilismo normal será examinado na seção seguinte.
4. Conforme mostrado no capítulo 2.
5. Cf. WITTGENSTEIN, *Da certeza*, 1969, §139.

auxiliem na aplicação de regras, garantindo práticas justas e não arbitrárias, e tomadas com base nos princípios que, como demonstramos no capítulo 2, são aceitos qualquer que seja o posicionamento teórico, pois, mesmo os particularistas, não negam a importância e a validade de princípios como o da autonomia, beneficência, não maleficência e justiça.

Assim, consideramos que, para que decisões morais, nesse contexto clínico, não sejam tomadas de forma aleatória, que pode levar a injustiças, o principialismo responde às nossas necessidades de justificação nesse sentido, pois, sendo assim, aplicamos uma regra à luz dos princípios e valores aceitos em um dado contexto social, ao invés de agirmos aleatoriamente ou aplicarmos a regra algoritmicamente.

4.2. O niilismo normal, formas de vida e a "doença filosófica"

Nesta seção, buscarei rever pontos importantes que foram apresentados neste livro como fundamentais para se pensar a bioética. Retomarei, então, a proposta de Elliott, chamada de "niilismo normal", que seria uma forma de ver o mundo, e, a partir da qual, o porquê da generalidade dos princípios apresentados por Beauchamp e Childress poderá ser mais bem compreendido. Em linhas gerais, o niilismo proposto por Elliott nos indica, mais uma vez, a impossibilidade de um princípio absoluto em ética, ou de uma teoria ética que compreenda toda a diversidade de culturas existentes no mundo (que para o autor equivale ao conceito wittgensteiniano de *formas de vida*).

Por meio de exemplos bastante interessantes, Elliott exerce uma função elucidativa quanto à postura da ética e, principalmente, de nossa postura perante o mundo e os outros indivíduos. Embora não traga uma proposta específica para a bioética, como o fazem Beauchamp e Childress com o principialismo, seus escritos nos guiam a uma maior apreensão do fenômeno ético e nos permitem, a partir de uma visão niilista normal, compreender a importância da percepção e do respeito à pluralidade, presentes tanto na abordagem principialista quanto no pensamento ético de Wittgenstein.

Ao propor uma abordagem filosófica e wittgensteiniana da bioética, levando em conta principalmente as *Investigações filosóficas* de Wittgenstein, Elliott defende a importância de se pensar na cultura em que um caso clínico está inserido, a fim de resolver dilemas que ocorrem diariamente nos hospitais, ou, ao menos, gerar algum debate que possa melhorar o modo como essas questões são tratadas.

Em seu livro *A Philosophical Disease*[6], Elliott utiliza Wittgenstein e alguns de seus conceitos, como o de *forma de vida*, para sua defesa de um niilismo normal, a despeito de autores como Blackburn[7], que defendem um relativismo moral a partir desse mesmo conceito.

Elliott analisa várias questões polêmicas envolvendo hospitais, médicos, pacientes, usos de certos medicamentos,

---

6. ELLIOTT, C., *A Philosophical Disease. Bioethics, Culture and Identity*, London, Routledge, 1999.
7. BLACKBURN, S., Reply. Rule-Following and Moral Realism, in: HOLTZMAN, S. H.; LEICH, C. M. (Ed.), *Wittgenstein. To Follow a Rule*, London, Routledge, 1981.

conceito de doença e de cura e, claro, ética. Apresentando muitas críticas ao sistema médico americano, que, assim como em outros países (inclusive no Brasil), tem se tornado uma atividade mecânica e burocrática, o autor ressalta a importância do questionamento no que se refere à aplicação de tratamentos e ao respeito ao paciente, uma vez que a única questão que se apresenta, nos moldes da medicina moderna, é se o tratamento funciona. Outra preocupação de Elliott é que, para manter a aparência de infalibilidade, os médicos são desestimulados a falar estritamente a verdade ou admitir erros aos seus pacientes, de tal modo que a medicina moderna falha em encontrar a idealizada relação médico-paciente pessoal e verdadeira. Essa postura dos médicos dificulta o debate sobre os fins da medicina, pois, como os próprios médicos os definem, isso leva a diferentes práticas, e, o que era para ser um debate sobre os fins da medicina, passa a ser sobre a autonomia do paciente.

Nos EUA, tem se tornado comum a presença do bioeticista, que auxilia os médicos na tomada de decisões, mas então Elliott problematiza: um conselho ou recomendação moral é algo que se possa vender e comprar? Se aceitarmos que sim, não poderia também ocorrer de as recomendações serem induzidas e os bioeticistas se corromperem ou serem influenciados? Por meio de uma metáfora, Elliott esclarece ser esse é um dos possíveis problemas que pode ocorrer em relação ao profissional que se designa hoje como bioeticista: "Em um país onde o mecanismo do capitalismo determina a direção e a forma de vida, a questão é sobre quem está pagando o motorista. Na falta de um acordo sobre o destino, o caminhão vai, sobretudo, onde o motorista for pago para ir"[8].

Mas, deixando aqui as questões econômicas de lado, Elliott considera a cultura como o horizonte em que a moralidade se inscreve, pois, percebendo o contexto, podemos dissolver grande parte dos problemas filosóficos, ou pseudoproblemas, que se originariam dessa falta de percepção; caminho que, segundo ele, seria apontado por Wittgenstein nas *Investigações*.

Existem ainda várias outras situações trazidas por Elliott que ele analisa a partir das leituras de Wittgenstein. Um fato que o autor aponta como bastante comum nos dias de hoje é o de que grupos de seres humanos com uma determinada característica, frequentemente uma doença ou uma deficiência, que se identificam com uma cultura ou uma comunidade. Assim, o autor aponta o aparecimento de grupos como comunidades de pessoas com câncer de mama, famílias de pessoas com autismo, cultura surda, cultura gay etc. Ele salienta que características biológicas serem ligadas com identidade não é algo novo; o que parece novo é o modo como linhas entre identidade e doença têm sido desenhadas.

Segundo Elliott, algumas pessoas insistem em que uma característica biológica particular é adequadamente vista como uma patologia, enquanto outras insistem em que isso é uma variação humana normal. Nas palavras de Elliott, "antes de várias técnicas reprodutivas como a inseminação artificial serem desenvolvidas, infertilidade era simplesmente um fato da natureza; agora que isso pode ser tratado, é

---

8. ELLIOTT, 1999, 23.

um problema médico"[9]. Com os avanços do conhecimento, médicos e especialistas estão podendo tratar de coisas que antes não eram consideradas doenças. Desse modo, cada vez mais coisas são tratadas clinicamente e se tornam aspectos de identidade: aparência física, inteligência, identidade sexual e personalidade.

Para o autor, o problema de não haver limites para a medicina é que hoje ela não trata apenas de doenças e incapacidades, mas também de melhorar características e capacidades humanas de acordo com um padrão específico. O debate começou com a especulação de que a terapia genética poderia ser usada para alterar a inteligência de uma pessoa, personalidade ou aparência física; uma perspectiva que algumas pessoas viram com preocupação. Desse modo, o termo "melhoramento", que era usado para denominar o inaceitável uso da geneterapia, passou a ter o uso aceitável, mas sob a rubrica de "tratamento". A terapia genética foi concebida para tratar de doenças genéticas, como a fibrose cística, mas continua inaceitável o seu uso para propósitos "cosméticos". O termo *enhancement technology*, ou *tecnologias de melhoramento*, inclui hoje uma grande série de medicamentos e intervenções, tais como: hormônios para aumento de peso; *Prozac* e outros antidepressivos para timidez, personalidade compulsiva ou baixa autoestima; *Ritalin* para melhorar a atenção e a concentração; melhoradores (*enhancers*) cognitivos para a memória de pessoas que estudam para concursos; cirurgia cosmética para melhorar a aparência física; esteroides anabólicos para melhorar a *performance* dos atletas; betabloqueadores para a ansiedade etc.

---

9. Ibid., 26.

Esse tipo de "tratamento" não parece ser um simples melhoramento, mas algo mais sério que pode envolver alteração de capacidades e características fundamentais da identidade de alguém. Outra preocupação quanto a esse tipo de tecnologia é que as cirurgias cosméticas reforcem certo ideal de tipo corporal feminino que faça as mulheres se sentirem oprimidas (o que de certa forma já tem ocorrido)[10].

Embora essa possível mudança de um ideal estético seja também algo a ser discutido, a questão central abordada por Elliott é a identidade, pois, para ele, dar a alguém uma nova personalidade ou mesmo uma nova face, o transforma em uma nova pessoa.

Elliott traz um exemplo: uma paciente que era depressiva, triste e com baixa autoestima, depois de passar a tomar *Prozac*, tornou-se uma pessoa muito feliz e confiante; em certo momento, porém, seu médico passou a reduzir as doses do medicamento, até que, finalmente, suspendeu o uso. Em poucos meses, a paciente o procurou e disse: "Eu não sou eu mesma". Ela tinha voltado ao seu estado de tristeza e baixa autoestima, e dizia que se sentia ela mesma apenas quando estava sob efeito do *Prozac*. Para Elliott, é óbvio que a paciente mudou muito quando estava sob efeito do medicamento. Tornou-se alguém totalmente diferente do que tinha sido, e esse novo alguém é que ela identificou como sendo "ela mesma". O problema, segundo Elliott, é saber se a linguagem apropriada para esse caso é dizer que houve transformação em uma nova pessoa ou restauração de seu

---

10. Não que o ideal de beleza seja algo imposto apenas às mulheres, mas, no geral, elas seriam, segundo Elliott, as que mais sentem a pressão da sociedade para estar dentro dos padrões.

verdadeiro eu. Talvez esse medicamento tenha restaurado seu autêntico ou verdadeiro eu, considerando que, o autêntico eu, seja o que tem os níveis apropriados de serotonina no cérebro.

Outro ponto abordado por Elliott é o caso de cirurgia transexual, que não trata da restauração da saúde, mas da restauração de um ideal de saúde nunca realizado antes. Esse procedimento ocorre no caso de uma pessoa que, por exemplo, declara ser "uma mulher em um corpo de homem", e a cirurgia a deixaria ser quem realmente é. A cirurgia nesse caso também é chamada "restituição", já que cirurgias são feitas para restituir a saúde.

Outro exemplo que Elliott traz é do espião americano que se tornou uma celebridade nazista. O que ele é realmente, o que parece ser? Segundo o autor, temos que ter muito cuidado com o que queremos ser. No caso das tecnologias em cirurgias estéticas, Elliott dá exemplo como de uma adolescente que queria aumentar os seios, ou de uma americana com traços asiáticos que queria parecer mais ocidental, ou de americanas com descendência africana que queriam parecer mais brancas. A questão é saber qual o limite, aliás, se deve haver um limite na aplicação desse tipo de tecnologia para atender aos desejos das pessoas, e que consequências essa atitude pode acarretar.

Para responder essa questão, Elliott escreve que o bom senso é a palavra-chave para um bom clínico. E o senso comum nos diz que o mundo dos seres humanos é dividido entre macho e fêmea, meninos e meninas, homens e mulheres. O autor cita Wittgenstein em *Remarks on the Philosophy of Psychology*:

Se você acredita que seus conceitos são os corretos, que eles são adequados para seres humanos inteligentes, que qualquer pessoa com conceitos diferentes não perceberia alguma coisa que nós percebemos, então imagine certos fatos gerais da natureza de um modo diferente do modo que eles são, e estruturas conceituais diferentes das nossas parecerão naturais para você[11].

Ele traz o exemplo de crianças que nascem com uma rara deficiência no metabolismo da testosterona, que faz com que tenham uma sexualidade ambígua. Na zona rural da República Dominicana, onde as pesquisas sobre essa deficiência foram estudadas, essas crianças eram educadas como meninas e até antes da puberdade o eram. Contudo, na puberdade ocorriam grandes mudanças: a voz ficava grave, os músculos se desenvolviam e o que se pensava ser um grande clitóris se tornava algo mais parecido com um pênis. Assim, as crianças que pensavam ser meninas, ou sexualmente ambíguas, gradualmente se tornaram rapazes. Os moradores da região as chamavam de *"guevedoces"*, ou "pênis aos doze". Portanto, essas crianças mudavam sua identidade entre os doze e dezoito anos, deixavam de se sentir como meninas e passavam a se sentir e agir como meninos, exercendo as atividades rurais tradicionalmente masculinas.

A visão predominante é a de que existem dois sexos, e vemos o caso citado acima como uma deficiência, que talvez possa ser "curada" algum dia com terapias genéticas ou hormonais, ou coisas do gênero. Mas, para aquele povo, não

---

11. WITTGENSTEIN apud ELLIOTT, *A Philosophical Disease*, 1999, 34.

é algo problemático, já que, ao invés da visão que temos de dois sexos, ele considera que haja uma terceira categoria sexual que se define aos vinte anos. Não é código em todas as culturas que haja dois sexos, como a cultura ocidental predominantemente determina. No exemplo dos dominicanos, existem homens, mulheres e *guevedoces*. Como eles têm diferentes conceitos, veem os fatos da natureza de modo diferente.

Para Elliott, de fato, não precisamos postular diferentes fatos da natureza, mas somente (como Wittgenstein diria) diferentes formas de vida. A história e a antropologia têm nos mostrado muitos exemplos de sociedades nas quais concepções de sexo e gênero são muito diferentes das nossas.

Elliott segue a discussão sobre intersexualidade (antigamente chamada de "hermafroditismo") citando alguns estudos de Clifford Geertz, que diz que a intersexualidade é tão problemática por ser contra nosso senso comum. Nesta cultura, crianças com ambiguidade sexual são geralmente tratadas com algum tipo de cirurgia e terapia hormonal para fazer com que sua genitália e órgãos reprodutores estejam o mais próximo possível do que concebemos como um típico homem ou mulher.

Poucas pessoas são suficientemente sofisticadas para aceitar uma sexualidade construída discordante de sua sexualidade cromossômica ou gonadal. Os pais de crianças com intersexo, quando procuram tratamento, não pensam que estão mudando algo, mas apenas restaurando o que seria o "verdadeiro sexo" da criança. O que Elliott questiona é sobre a possibilidade de reconstruir esteticamente o sexo de uma criança e o que ocorreria, nesse caso, em relação à sua identidade sexual.

Outra situação abordada por Elliott é no que se refere à cultura surda. Os membros dessa cultura são fortemente contra qualquer tipo de implante ou aparelhos que os façam ouvir, pois essa é sua identidade. Eles não consideram a surdez uma incapacidade, apenas uma diferença que os identifica, não fazendo sentido tratá-la como doença, de modo que, para eles, as palavras "tratamento", "cura" ou "restauração" não fazem o menor sentido.

Tendo como pano de fundo questões como as enfatizadas acima, Elliott defende, em uma posição que ele afirma ser wittgensteiniana, que não pode haver uma única ética ou valor que se imponha universalmente, já que se trata de diferentes culturas; de modo que deve haver reconhecimento e respeito da diferença, o que é o primeiro passo para se falar em bioética. Elliott defende que "desacordos morais existirão por tanto tempo quanto existir desacordo sobre que modo de vida é o melhor para os seres humanos"[12].

Aproveitando ainda mais as contribuições de Elliott para esse assunto, exploremos um pouco melhor a posição que ele diz ser a única possível em relação à bioética: a do niilismo normal. Segundo Elliott, um *niilista normal é alguém que está atento à existência de estruturas alternativas de interpretação*, e isso não é só uma questão de admitir nossas próprias crenças morais, ou que elas possam estar incorretas, ou que outras pessoas, em outros lugares e tempos, tenham tido e continuam tendo diferentes convicções morais. Pensar

---

12. ELLIOTT, *A Philosophical Disease*, 1999, 164, tradução nossa.

valores como crenças seria simplificá-los demais. Valores seriam modos de interpretar o mundo. Para o autor, reconhecer a contingência de nossos valores é reconhecer a contingência do que somos, e Elliott ressalta ainda que isso não significa, necessariamente, que um niilista normal seja um relativista moral. Ele reforça a ideia de que ser um niilista normal significa perceber que todos temos fortes valores, nosso mais sagrado senso de quem somos e para o que vivemos, e que outros valores significam o mesmo para pessoas com formas de vida radicalmente diferentes da nossa. Sendo assim, ser um niilista normal não é aceitar um relativismo; é ter o conhecimento de que se está comprometido com um particular conjunto de valores, e é só isso que eles são: um particular conjunto de valores, nem melhores nem piores que outros conjuntos. Sendo assim, Elliott defende que encontrar em nós mesmos um niilismo normal é ter descoberto nossa própria verdade, e que esse é o inevitável resultado de perceber certas coisas sobre o mundo. Assim, o niilismo normal não seria o modo verdadeiro de falarmos sobre nós mesmos; seria apenas outro modo: o nosso modo.

O autor escreve ainda que atribuímos valores às nossas estruturas de interpretação, embora essas sejam somente os nossos valores no modo mais trivial e superficial, pois são valores que temos herdado da família, da religião, de sistemas políticos, de nossa cultura – todas as forças que nos criaram. Ou seja, "nossos" valores não são nada mais que repetições das práticas comportamentais e linguísticas nas quais nascemos; então, pensamos que estamos vivendo uma vida escolhida por nós próprios, quando, na verdade, agimos seguindo roteiros escritos por outras pessoas. Segundo

Elliott, nessa perspectiva, alguns valores são produzidos por meio do mercado da moda, por exemplo, e o mercado reforça a contingência de nossos valores, identidades, tradições e formas de vida.

O autor aborda ainda a questão do tratamento de nosso niilismo normal com *Prozac*: "É fácil mal interpretar a questão de se existe alguma coisa moralmente preocupante sobre tratar nosso niilismo normal com *Prozac*"[13]. A primeira reação é rejeitar esse medicamento por ele ser um tipo de tranquilizante, um modo de anestesiar a si mesmo contra as exigências da vida. Mas o *Prozac* não é um anestésico. Segundo o autor, pessoas que usam o referido remédio dizem o contrário: que se sentem energizadas, mais alertas, mais capazes de enfrentar o mundo, mais capazes de entender elas mesmas e seus problemas. Esse tipo de medicamento (SSRI[14]) não liberta as pessoas de seus problemas existenciais, porque a questão é muito mais complexa que o simples uso dele. A questão abrange como os psicanalistas veem o ser humano, e esse modo de ver pode ser mudado com o desenvolvimento de tratamentos químicos mais efetivos. O mais importante nas tecnologias aplicadas na área médica é a visão do organismo como um mecanismo, como um todo.

Sendo assim, para Elliott, entender um comportamento é mais do que entender sua causa[15]: é pensar essa ação

---

13. Ibid., 63.
14. Os SSRIs (*Selective Serotonin Reuptake Inhibitors*), ou inibidores seletivos de recaptação de serotonina, são medicamentos utilizados em casos de depressão leve, ataques de ansiedade ou pânico e síndrome obsessivo-compulsiva.
15. Cf. ELLIOTT, *A Philosophical Disease*, 1999, 72.

em algum tipo de contexto; no caso da leitura que ele faz de Wittgenstein, é considerar que existem diferentes formas de vida, assim diferentes culturas, onde funcionam diferentes jogos de linguagem.

Elliott analisa que, nas *Investigações*, esses dois conceitos, formas de vida e jogos de linguagem, implicam-se mutuamente, já que existem inumeráveis jogos de linguagem, assim como existe uma diversidade imensa de formas de vida, ou culturas, que Elliott traz como sinônimos. Essa diversidade de jogos de linguagem ou práticas torna pouco razoável a defesa de uma ética mais abrangente, ou seja, considerando que os médicos atendem diariamente pessoas das mais diversas crenças, torna-se difícil aceitar que haja uma ética universal ou, mesmo, simples regras gerais que possam resolver todos os dilemas clínicos.

Conclui-se que, para Elliott, do ponto de vista wittgensteiniano, pensar a bioética como uma ciência que indicará a melhor forma de agir em um determinado caso clínico é um erro, ou uma "doença filosófica", pois as práticas são constituídas pelos grupos de indivíduos e suas crenças, e não por algo exterior a eles, como uma verdade moral.

Mas examinemos melhor, neste momento, as possíveis concepções do conceito de "forma de vida". No capítulo 1, expus brevemente o que Edwards salienta ao considerar, como Wittgenstein, que a ética não trata de fatos como a ciência; segundo ele, as ações humanas seriam expressões de crenças, e, no caso de dilemas éticos, essas crenças acabam se chocando com a aparência racional dos fatos, gerando uma situação em que se tem superstição *versus* razão ou ciência. Essa visão de Edwards está em conformidade com o que se costuma chamar de "interpretação naturalista antropológica" do conceito de forma de vida, ou seja, considera-se que a linguagem, e o que é certo ou errado para as pessoas que compartilham dela, é algo estabelecido mediante práticas cotidianas, ou, em outras palavras, por meio das atividades de uma forma de vida.

Embora o conceito "forma de vida" tenha aparecido apenas cinco vezes nas *Investigações filosóficas*, gerou diversas interpretações. Conforme Glock[16], há uma leitura transcendental do conceito de forma de vida que a coloca como precondição para nossos jogos de linguagem. Opondo-se a essa leitura, há a interpretação naturalista, que pode ainda subdividir-se em um naturalismo biológico, que defende uma natureza humana determinada e inflexível, e um naturalismo antropológico que nos permite pensar a forma de vida como fruto de uma prática histórica e de nossas formas de interação social. Dessa interpretação naturalista antropológica se seguem ainda duas interpretações diversas: a de um relativismo *versus* um pluralismo cultural. Elliott, conforme já citamos no capítulo 1, é um autor que propõe ainda outra interpretação: aceitando um naturalismo antropológico, ele fala de pluralismo cultural e propõe o que ele chama de "niilismo normal", como citado anteriormente. Esse niilismo normal consistiria em aceitar que as práticas e os jogos de linguagem variam nos diferentes grupos de pessoas, e que essas variações se estendem também para o que elas entendem como sendo certo e errado; por isso o niilismo

---

16. GLOCK, H.-J., *Dicionário Wittgenstein*, trad. Helena Martins, Rio de Janeiro, Jorge Zahar, 1998, 174-175.

normal aceita essa pluralidade e, assim como Wittgenstein, nega a possibilidade de uma ética universal que possa ser imposta a todos os povos.

A interpretação transcendental ou gramatical do conceito de "forma de vida" acredita que, dentro do contexto das *Investigações* e de sua preocupação com o funcionamento da linguagem, uma forma de vida seria o que torna uma linguagem possível, por ser nas práticas de uma forma de vida que os jogos de linguagem são criados e outros são esquecidos.

Wittgenstein escreve: "[...] O termo 'jogo de linguagem' deve aqui salientar que o falar da linguagem é uma parte de uma atividade ou de uma forma de vida"[17]. Por isso é que novos jogos surgem, modificam-se, enquanto outros desaparecem; porque a linguagem envolve uma prática, uma atividade, que só pode ocorrer entre seres que compartilham uma forma de vida. As consequências dessas ideias de Wittgenstein variam porque, conforme já ressaltamos, esse conceito é interpretado de diferentes formas. A interpretação transcendental ou gramatical do conceito de forma de vida considera que a expressão "forma de vida" se refere à forma de vida humana que todos partilhamos e que nos possibilita a linguagem e a construção de novos jogos. Essa hipótese interpretativa se confirmaria pelo bem conhecido exemplo do leão, em que o autor escreve que, se os leões pudessem falar, não entenderíamos o que eles dizem.

Segundo essa interpretação, o exemplo citado seria um indício de que só posso entender plenamente um jogo de linguagem caso eu partilhe da mesma forma de vida que o

---

17. Wittgenstein, *Investigações filosóficas*, 1996, §23.

falante. Como os hábitos e o modo de vida de um leão são inteiramente estranhos para nós, não é possível haver comunicação, assim como em culturas muito diferentes é difícil haver consenso nas decisões ou compartilhar os mesmos valores e uma ética em comum.

Assim, conforme exposto anteriormente, essa leitura transcendental ou gramatical se contrapõe à interpretação naturalista defendida por alguns autores, de que, ao se referir a formas de vida, Wittgenstein teria levado em consideração a existência de diferentes culturas ou formas de perceber o mundo; contextos em que diferentes jogos de linguagem são utilizados, em conformidade com as práticas de um povo. Embora a interpretação transcendental pareça mais simples e aceitável, a leitura naturalista antropológica é defendida seriamente por Carl Elliott.

Para Elliott, considerar que existem várias formas de vida é a chave interpretativa para a compreensão de por que Wittgenstein defende a impossibilidade da construção de teorias éticas universais, com pretensões de expressarem o certo e o errado como se fossem fatos, e, da mesma forma que se faz na ciência, pudessem ser englobados por uma teoria. Aceitar que existem várias formas de vida, expressão utilizada por Elliott como sinônimo de pluralidade ou diversidade cultural, possivelmente nos levaria a uma diferente compreensão do mundo e, com isso, à aceitação da diferença e do maior apreço pela autonomia das pessoas. Ou seja, considerar que existam diferentes formas de vida ou culturas nos levaria, segundo Elliott, a compreender que regras ou princípios sozinhos são vazios e que é preciso que a sabedoria prática, tão exaltada por Aristóteles, esteja presente, assim como aparece no artigo já citado de James Nelson e em sua proposta de um modelo de julgamento especializado para a bioética. Tanto Elliott quanto James Nelson, ao se inspirarem no pensamento de Wittgenstein, têm em comum a percepção de que é necessária uma sabedoria prática, pois a bioética diz respeito a pessoas com diferentes hábitos e crenças, e uma teoria nos moldes do método científico não seria adequada para resolver os dilemas clínicos.

Enfim, a proposta que Elliott faz da bioética a partir de Wittgenstein amplia nossa visão a respeito do assunto e destaca alguns pontos importantes no pensamento desse autor. Cabe ressaltar que suas observações acerca de um niilismo normal fornecem uma boa base para pensar nas práticas humanas, na experiência, no respeito aos indivíduos e em suas crenças; e, ainda que não nos forneça um modelo sistemático para a resolução dos casos clínicos, traz esclarecimentos acerca de nossa linguagem e de vários fatores envolvidos na bioética clínica.

4.3. Críticas ao principialismo e algumas respostas

Embora tenhamos mostrado até então uma perspectiva bastante interessante da proposta principialista, mostrando como seria possível uma leitura wittgensteiniana de seus princípios gerais de ação para a bioética clínica, é importante mostrar que existem críticas ao principialismo. Algumas são mais no sentido de dar maior ênfase a um aspecto ou outro, como no caso de Pellegrino e Engelhardt; outras, de propor novos modelos, como faz Pessini, ou ainda de descartar totalmente qualquer princípio que vise atuar como um guia de ação, propondo que uma visão wittgensteiniana da ética seria, na verdade, puramente "clarificatória", como faz Wisnewski.

Assim, quero finalizar este capítulo, e este livro, mostrando pontos interessantes que autores renomados, a saber, Pellegrino, Engelhardt, Pessini e Wisnewski, têm a dizer sobre a proposta examinada até então.

4.3.1. A crítica de L. Pessini ao principialismo (ou ética made in USA) e a necessidade de uma bioética latino-americana

Embora reconheça o papel que o principialismo teve em relação à bioética, desconstruindo a ideia de uma ética baseada em códigos, Pessini nos chama a atenção para a desmistificação de que essa seja a melhor forma de tratar do assunto, pois, para ele, o principialismo não pode ser visto como "um procedimento dogmático infalível na resolução de conflitos éticos"[18], como muitas pessoas o interpretam. O autor salienta o fato de que alguns críticos afirmam que "o principialismo está doente", ou até que seja "um paciente terminal", pois eles, assim como Pessini, acreditam que "a bioética não pode ser reduzida a uma ética da eficiência aplicada predominantemente no nível individual"[19].

Surgem então diversas abordagens alternativas ou complementares ao principialismo, como a casuística (de Albert

---

18. PESSINI, L.; BARCHIFONTAINE, C., *Problemas atuais de bioética*, São Paulo, Loyola, ⁵2000, 49.
19. Ibid.

Jonsen e Stephen Toulmin), o modelo da beneficência baseada na confiança, tomando como base uma ética de virtudes (de Pellegrino e Thomasma), o modelo liberal autonomista (de Engelhardt) e o modelo do cuidado (de Gilligan), que buscariam suprir os pontos que acreditam ser problemáticos no principialismo.

Pessini analisa algumas diferenças, que julga importantes, entre o que ele chama de uma bioética "*made in USA*" e uma bioética europeia, começando pela visão pragmatista que predomina na sociedade dos EUA. Devido a essa característica, não haveria muita preocupação em, por exemplo, definir o que seja autonomia, mas em saber que procedimentos utilizar para analisar a capacidade ou a competência de uma pessoa, o que é chamado de "consentimento informado".

Na verdade, as visões europeias e estadunidenses de bioética abordam duas perspectivas diferentes: enquanto a filosofia na Europa sempre deu mais importância a questões de fundamentação, nos EUA sempre se tendeu a dar mais atenção aos procedimentos influenciados por pensadores como John Dewey, considerado pai do pragmatismo, que procurava aplicar métodos científicos para a resolução de problemas éticos[20]. Além disso, a bioética na perspectiva dos EUA privilegiaria mais a autonomia da pessoa, enquanto a perspectiva europeia "privilegia a dimensão social do ser humano, com prioridade para o sentido de justiça e equidade, preferencialmente aos direitos individuais"[21]. Outro ponto apontado pelo autor é que os estadunidenses trabalham com a normatização e a busca de regras para as ações, en-

---

20. Ibid., 52.
21. Ibid., 53.

quanto a perspectiva europeia busca refletir sobre os fundamentos do agir humano. Como a abordagem que por muito tempo predominou na bioética clínica foi a dos EUA, do principialismo, Pessini faz uma contraposição entre este e o que seria uma bioética latino-americana[22].

Uma bioética latino-americana deveria se ajustar à realidade social e também cultural desses países, que possuem problemas e perspectivas diferentes das dos EUA ou da Europa. Nossa realidade, ao invés de dar ênfase à autonomia, teria em vista o problema do acesso aos recursos da tecnologia médica, pois abrange questões delicadas como as da pobreza e da exclusão social.

Pessini cita o bioeticista argentino Mainetti, para quem uma bioética latino-americana se distinguiria da dos EUA por ter uma tradição médica mais humanista, e também por termos condições sociais diferentes; de modo que temas como alocação de recursos, saúde pública e direitos humanos seriam exemplos centrais para a bioética de uma perspectiva latino-americana, conforme ressalta Pessini[23]. O desafio, segundo o autor, seria de desenvolver uma mística[24] para a bioética, o que significaria incluir:

---

22. Dentro desse contexto de bioética latino-americana, podemos citar uma corrente na bioética brasileira chamada "bioética da intervenção", iniciada pelo professor Volnei Garrafa, da UnB, que busca efetivamente intervir em grandes questões de acesso à saúde da população vulnerável e marginalizada.
23. PESSINI, L.; BARCHIFONTAINE, C., *Problemas atuais de bioética*, São Paulo, Loyola, ⁵2000, 57.
24. A "mística" que Pessini propõe para a bioética seria uma visão de transcendência da vida que parece se agregar a uma visão de valores religiosos.

[...] a convicção da transcendência da vida que rejeita a noção de doença, sofrimento e morte como absolutos intoleráveis. Incluiria a percepção dos outros como parceiros capazes de viver a vida em solidariedade e compreendê-la e aceitá-la como um dom. [...] Essa mística proclamaria diante de todas as conquistas das ciências da vida e do cuidado da saúde que o que o imperativo tecnocientífico pode fazer passa, obrigatoriamente, pelo discernimento de outro imperativo ético: posso, logo, devo fazer?[25]

Pessini dá ênfase ao aspecto da solidariedade e de uma maior humanização na bioética, o que incluiria essa mística citada acima, além de ressaltar o papel da justiça, equidade e alocação de recursos na área da saúde, que seriam os problemas bioéticos mais importantes na perspectiva latino-americana. Ele finaliza declarando que, "ao princípio da autonomia, tão importante na perspectiva anglo-americana, precisamos justapor os princípios da justiça, equidade e solidariedade"[26].

Dentro desse contexto levantado por Pessini, que chama nossa atenção para questões de justiça, a abordagem social se faz imprescindível. Uma vertente da bioética latino-americana que se propõe a discutir e buscar soluções a problemas específicos dessa parte do globo é a bioética da intervenção. Diferentemente de linhas de pensamento bioético "do norte do globo"[27], bastante focadas em discussões sobre a

---

25. PESSINI; BARCHIFONTAINE, *Problemas atuais de bioética*, 2000, 57.
26. Ibid., 58.
27. Maria Paula Meneses e Boaventura de Sousa Santos, na obra *Epistemologias do Sul* (Almedina, Coimbra, 2009), referem-se

autonomia, beneficência e outros princípios e situações que lhes são próprios, a bioética da intervenção chama a atenção para o fato de que os países do Sul do globo lidam com realidades e problemas bastante distintos, sobretudo no que se refere à desigualdade social e ao acesso aos recursos básicos para uma vida digna, em que seus valores e integridade física, mental e espiritual sejam respeitados.

Para isso, faz-se necessária uma bioética que busque intervir nessa realidade, por meio da mudança no pensamento, nos discursos e nas práticas. Segundo Garrafa e Porto[28], a bioética da intervenção prioriza o enfrentamento de dilemas éticos persistentes de países mais pobres e das partes mais frágeis da sociedade, e, tendo em vistas o princípio da equidade, propõe-se a lutar contra formas de opressão e injustiça.

Sendo assim, a bioética de intervenção "se apresenta como proposta de libertação, que leva em conta as injustas relações estabelecidas entre o Norte e o Sul, evidenciadas pelas desigualdades sociais que distinguem os países centrais dos países periféricos"[29].

---

aos países do Norte do globo para lembrar que foram os responsáveis por colonizar os países mencionados como do Sul.
28. GARRAFA; PORTO, Bioética, poder e injustiça: por uma ética de intervenção. *Mundo saúde*; v. 26, n. 1, (jan./mar. 2002), 6-15.
29. FEITOSA, S. F.; NASCIMENTO, W. F., A bioética de intervenção no contexto do pensamento latino-americano contemporâneo, *Revista Bioética*, São Paulo, v. 23, n. 2 (2015) 280.

4.3.2. As críticas de Pellegrino e de Engelhardt ao principialismo

Conforme ressaltado no início desta seção, algumas críticas ao principialismo são no sentido de propor um novo modelo, de descartar o uso de princípios como guias de ação, ou, ainda, de dar ênfase maior a um aspecto ou outro dentro da proposta principialista. E este último caso é o que ocorre com Pellegrino e Engelhardt, visto que os autores não descartam a validade da proposta principialista, embora tenham diferentes pontos a ressaltar.

Para Pellegrino, a autonomia da pessoa é um bem, de modo que já estaria garantida pelo princípio da beneficência. Dessa forma, a distinção entre autonomia e beneficência feita no principialismo acarretaria uma redundância, visto que, sob a perspectiva de Pellegrino, quando agimos de forma beneficente em relação a uma pessoa, certamente estamos respeitando sua autonomia, caso contrário, não poderíamos chamar essa ação de beneficente, pois a autonomia é, segundo esse autor, parte do bem da pessoa.

Na obra *Para o bem do paciente*[30], Pellegrino, juntamente com Thomasma, defende o modelo da *beneficência baseada na confiança*, partindo da concepção grega de *telos* (finalidade). Dentro das práticas médicas, o *telos* é o bem do paciente. Por mais que a autonomia, a justiça e a não maleficência sejam princípios importantes, para Pellegrino e Thomasma

---

30. PELLEGRINO, E. D.; THOMASMA, D. C., *Para o bem do paciente. A restauração da beneficência nos cuidados da saúde*, trad. de Daiane Martins Rocha, São Paulo, Loyola, 2018.

eles são parte do todo, que seria promover o bem do paciente. Dentro desse modelo da beneficência, o bem do paciente seria composto de ao menos quatro elementos:

1. O bem último ou final, o *telos* da vida humana como ela é percebida pelo paciente, sua visão do significado e do destino da existência humana, as posições tomadas com referência às relações com outros homens e mulheres, o mundo e Deus. [...]
2. O bem do paciente como pessoa humana, o bem que se baseia em sua capacidade como um ser humano de raciocinar, e, portanto, de escolher, e de expressar suas escolhas no discurso com outros humanos que também podem raciocinar e falar. A liberdade de escolha é a condição irredutível do funcionamento como um ser humano, distinto de outras espécies. Sua violação resulta em uma escravização da humanidade de uma pessoa pela outra. Assim, estes dois primeiros valores claramente se sobrepujam aos próximos dois valores, que se seguem.
3. Os melhores interesses do paciente, ou seja, a avaliação subjetiva do paciente da qualidade de vida que a intervenção pode produzir, e se ele a considera consistente ou não com o seu plano de vida, metas e objetivos. Este plano de vida será altamente pessoal. As escolhas que possam se seguir disso podem muito bem ser contrárias ao bem biomédico ou ao que o médico acha que é uma boa vida para o paciente. [...]
4. O bem médico, biomédico, ou clínico – o bem que pode ser conseguido através de intervenções médicas

em um estado de doença particular. Este bem é geralmente expresso por indicações médicas – a demonstração do que pode ser conseguido com base em avaliações estritamente científicas e técnicas. Estes julgamentos não devem ser confundidos com julgamentos sob o ponto de vista de outra pessoa sobre a qualidade de vida que resultaria[31].

Considerando esses elementos, Pellegrino e Thomasma defendem que os profissionais da saúde estariam promovendo o bem do paciente, e não limitando um de seus elementos, visto que a tomada de decisões nesse âmbito deve ser, sempre que possível, algo feito dentro de uma relação de confiança entre médico e paciente ou médico e responsável, tendo em vistas essa concepção mais ampla de respeito à pessoa como um todo.

Por outro lado, para Engelhardt[32], o princípio mais importante é a autonomia expressa por meio do consentimento[33], e deveria ser considerada de maior peso, e não de caráter *prima facie*, como ocorre no principialismo. Ou seja, no principialismo, nenhum princípio se sobrepõe ao outro, enquanto, para Engelhardt, o princípio do consentimento deveria prevalecer sobre os outros. Para o autor de

---

31. Ibid., 96.
32. ENGELHARDT JR., T. H. *Fundamentos de bioética*, trad. José A. Ceschin, São Paulo, Loyola, ²1998.
33. Na segunda edição de *Fundamentos de bioética* (citada acima), Engelhardt passa a chamar o princípio de autonomia de "princípio do consentimento", a fim de tornar claro o que está pressuposto em sua concepção de autonomia.

Fundamentos da bioética, o princípio da beneficência não pode basear a moralidade em uma sociedade pluralista, na qual não se consegue estabelecer quais sejam os deveres de beneficência e o que seja a ação beneficente. Disso, ele conclui que o princípio do consentimento é o mais indicado para basear a moralidade em nossa sociedade, visto que, a partir do que for consentido por uma pessoa, saberemos o que é uma ação beneficente naquele momento. Ou seja, o princípio do consentimento seria o único capaz de dar limites e revelar direitos e obrigações, possibilitando a moralidade entre o que o autor chama de "estranhos morais"[34], isto é, pessoas que são estranhas umas às outras no sentido de não compartilharem os mesmos valores e visão de mundo.

O posicionamento de Engelhardt a respeito da bioética privilegia o princípio do consentimento, pois esse princípio seria, segundo o autor, o único a ter condições de basear uma noção de moralidade em uma sociedade pluralista secular, possibilitando a moralidade entre indivíduos de diferentes comunidades morais. Citando Engelhardt: "[...] a moralidade dos estranhos morais não tem essência, mas estabelece limites para a autoridade dos outros em agir sobre aqueles que não consentem"[35]. Assim, o princípio do consentimento garantiria o respeito à liberdade das pessoas e seus melhores interesses, segundo o autor.

Por meio do princípio do consentimento, o autor considera que "a autoridade para as ações envolvendo outros

---

34. Cf. ENGELHARDT JR., *Fundamentos de bioética*, 1998.
35. Ibid., 132.

em uma sociedade pluralista secular é derivada da sua permissão"[36]; portanto, é constituído pelo consentimento implícito, pelo qual indivíduos, grupos e Estados têm autoridade para proteger os inocentes da força que não alcança consentimento, e pelo consentimento explícito, mediante o qual indivíduos, grupos e Estados podem decidir pela vigência dos contratos ou criar direitos de assistência social[37].

O princípio do consentimento expressa a circunstância de que a autoridade, para resolver disputas morais em uma sociedade pluralista, secular, só pode ser obtida a partir do acordo dos participantes, já que não deriva de argumentos racionais ou da crença comum. Portanto, a permissão ou consentimento é a origem da autoridade, e o respeito ao direito dos participantes de consentir é a condição necessária para a possibilidade de uma comunidade moral. O princípio do consentimento proporciona a gramática para o discurso moral secular[38].

Percebe-se que, na tentativa de um acordo mútuo entre estranhos morais, o único princípio que possibilitaria o respeito entre as várias formas de vida moral seria, segundo Engelhardt, o princípio do consentimento. Esse ponto, essencial para um estudo da bioética hoje, é a percepção do pluralismo existente e das várias formas de vida moral, que fizeram com que Engelhardt e outros autores chegassem

---

36. Ibid., 158.
37. Cf. ibid.
38. Ibid.

à conclusão da impossibilidade de teorias éticas e de princípios absolutos que não são abarcados por uma sociedade pluralista.

A preocupação de Pellegrino é, precisamente, a sobreposição que tem ocorrido do princípio da autonomia na bioética devido ao tipo de concepção imprecisa de autonomia que possa estar em questão. O autor teme que a concepção de autonomia que tende a se tornar um princípio absoluto não leve em conta o que ele considera ser o verdadeiro significado de autonomia: o respeito à dignidade das pessoas[39].

Para ele, o princípio de autonomia tem origens mais profundas, que abrangeriam, de forma global, os matizes particulares de que se necessitam para que o respeito às pessoas seja autêntico, enquanto "a autonomia, tal como se interpreta hoje, tem certas limitações morais e práticas"[40]. O autor analisa algumas das origens sociais e políticas que fizeram a autonomia se destacar na ética médica, como o código de Nuremberg, o avanço da democracia, o movimento em prol dos direitos civis e, o mais importante, o crescimento de uma sociedade pluralista, onde se tornou cada vez mais difícil chegar a um consenso moral. Para ele, esses fatores geraram uma grande desconfiança quanto ao paternalismo tradicional dos médicos.

Como crítica à primazia do princípio da autonomia do modo como Engelhardt tem apresentado, Pellegrino apre-

---

39. Cf. PELLEGRINO, E. D., La relación entre la autonomía y la integridad en la ética médica, in: ORGANIZACIÓN PANAMERICANA DE LA SALUD, *Bioética. Temas y perspectivas*, 1990, 8-17.
40. Ibid., 8.

senta alguns pontos: em termos de consentimento, é questionável se em geral os pacientes podem ser deixados por conta da própria autonomia, se estão em plenas condições de tomarem decisões importantes e se nesse momento a postura beneficente do médico, auxiliando nas decisões, não seria mais apropriada.

Uma pessoa que está doente pode estar fragilizada e, consequentemente, vulnerável; então, por sua condição clínica, nem sempre tem condições de dar seu pleno consentimento ao médico, que se encontra na privilegiada posição de alguém que tem o poder e os conhecimentos necessários[41]. Para Pellegrino, "a grande importância dada à autodeterminação também minimiza as obrigações do médico de respeito à beneficência, que a renuncia por seu próprio interesse"[42], ou seja, o autor vê na autonomia uma possibilidade de indiferença por parte dos médicos, que podem se omitir de fazer um tratamento, por exemplo, em nome de uma suposta autonomia do paciente que não quis recebê-lo.

Ainda segundo Pellegrino, privilegiar a autonomia gera um maior individualismo na ética ou, nas palavras dele, "um culto de privatismo moral, atomismo e individualismo insensível ao fato de que os seres humanos são membros de uma comunidade moral"[43]; de modo que a autonomia seria uma expressão parcial e incompleta do conceito de integridade das pessoas.

---

41. Ibid., 11.
42. Ibid.
43. PELLEGRINO, La relación entre la autonomía y la integridad..., 1990, 11.

4.3.3. *Ética clarificatória* versus *princípios*

Pudemos, ao longo desta investigação, perceber que os princípios funcionam como guias gerais de ação, constituídos a partir da compatibilização da visão de ética de Beauchamp, que seguia tendências éticas utilitaristas, com a de Childress, defensor de uma abordagem deontológica. O princípio da utilidade, como vimos, baseou o princípio da beneficência, embora com alguns acréscimos já mencionados. O aspecto deontológico pode ser mais bem percebido no princípio da autonomia, pois a defesa da autonomia, como vindo de uma tradição kantiana, é garantida desde o Relatório Belmont, segundo o qual a pessoa, enquanto sujeito agente, é considerada autônoma. O diálogo e a compatibilização dessas duas teorias éticas possibilitaram que os quatro princípios fossem formulados, a fim de auxiliar as decisões clínicas no contexto dos EUA, tendo em vista a pluralidade cultural existente.

Wisnewski mostrou como seria possível compatibilizar a abordagem utilitarista com a deontológica, embora o faça por meio de sua leitura clarificatória, e sem propor princípios a partir disso, já que o papel da ética para ele seria apenas o de elucidar como se dá a moralidade. Percebemos ainda que o autor critica, ao longo de seu livro, as éticas que visam ser guias de ação, pois, para ele, a ética não precisa nos dizer como agir para que seja útil. Desse modo, mostra-se simpatizante da ética de virtudes, e propõe uma ética puramente clarificatória, que não seja constituída de regras, princípios ou coisas do gênero. Essa posição seria, ao menos à primeira vista, oposta ao principialismo, já que este não se conforma em apenas "clarificar" o que sejam comportamentos éticos, mas procura garantir, por meio dos quatro princípios, práticas clínicas que estejam de acordo com o que se considera um comportamento ético no contexto em que esse modelo foi proposto.

Ao falar da investigação ética de Wittgenstein, Wisnewski ressalta a posição antiteórica que este sustentava em relação à ética. Ao escrever, no *Tractatus*, que não são possíveis proposições éticas, porque proposições tratam de fatos do mundo, e a ética estaria em outro âmbito, Wittgenstein acabou motivando diversas discussões e trabalhos, entre eles o de Wisnewski. Assim, partindo do pressuposto de que a ética não se baseia em proposições empíricas, visto que estas declaram alguma coisa sobre o mundo, e os valores dos quais a ética trata estariam em outro âmbito, não faria sentido formular regras prescritivas e que funcionassem como guias de ação, o que Wisnewski chama de "regras regulativas" (*regulative rules*)[44]. Portanto, se pensarmos nos princípios de Beauchamp e Childress como regulativos, essa crítica de Wisnewski se estenderia também ao principialismo.

O que se tornaria mais aceitável são *regras constitutivas*, com a forma "x vale como y no contexto c", que, como vimos, é o que ocorre na releitura que Wisnewski faz do imperativo categórico. Ou seja, a ética, vista em termos de regras constitutivas, nos mostraria o que conceber como raciocínio moral, ou, no caso do imperativo categórico, seria um meio

---

44. Para que regras prescritivas ou guias de ação funcionassem no âmbito da ética, seria necessário que houvesse valores absolutos, o que já examinamos não ser o caso, de acordo com Wittgenstein.

de aprender a lógica dos julgamentos morais, e não de dizer o que devemos fazer.

Assim, ao propor uma visão de ética que leia o imperativo categórico como uma regra constitutiva, que nos mostre algo, embora não nos diga como agir, Wisnewski se manifesta wittgensteiniano, por ver a ética com uma função elucidativa e sem teorias e princípios que pretendam ser guias últimos de ação universalizáveis. Por esse caminho, Wisnewski estaria se contrapondo, diretamente, não só ao principialismo, mas também a qualquer teoria ou proposta ética que traga regras, princípios ou, como são chamados por ele, guias de ação, restando apenas a função clarificatória da ética.

Ao falar de função clarificatória da ética, Wisnewski argumenta que devemos considerar uma teoria ética como a clarificação da dimensão normativa do funcionamento do nosso mundo, e que teorias éticas só têm sucesso quando apreendem as regras constitutivas da nossa forma de vida[45]. Wisnewski salienta ainda que

> [...] o projeto da ética não pode ser assertórico – isto é, a ética não pode almejar produzir um procedimento para resolver, algoritmicamente, nossos dilemas éticos (como uma leitura ingênua de Kant pode sugerir); ao invés disso, qualquer investigação ética irá visar, necessariamente, à clarificação (ao menos em parte) dos valores nos quais nós já acreditamos[46].

---

45. WISNEWSKI, *Wittgenstein and Ethical Inquiry*, 2007, xii.
46. Ibid.

Com essas ideias, Wisnewski reavalia a tradição da teoria ética, partindo do deontologismo de Kant ao utilitarismo de Mill, propondo uma leitura ("clarificatória") que compatibilizaria as duas teorias[47]. Embora reconheça que as teorias éticas de Kant e Mill sejam tipicamente consideradas antagônicas, Wisnewski nos leva a pensar que uma releitura dessas possa nos ajudar nessa perspectiva de uma ética clarificatória. Ele considera um erro pensar que o imperativo categórico possa ser visto como um guia de ações, e, analisa tanto o imperativo hipotético como o imperativo categórico como princípios de racionalidade, que não seriam regulativos, mas clarificatórios.

Quanto ao utilitarismo de Mill, que defenderia que nosso caráter é determinante em nossas ações, Wisnewski se posicionará da mesma forma, de que o princípio de utilidade não seja lido como um princípio regulativo, nem como guia de ação. Para Wisnewski, o princípio da utilidade deve ser lido como um princípio político, visto que, para aplicar o princípio da utilidade a instituições sociais, ele deve ser baseado nos sentimentos sociais da humanidade, como defende Mill.

Analisadas essas duas teorias éticas, Wisnewski argumenta que podemos, por meio de sua perspectiva clarificatória, tornar Kant e Mill compatíveis, o que seria feito da seguinte forma: "Podemos compreender Kant como clarificando a lógica da moral racional, e Mill como clarificando os constituintes do florescimento humano"[48]. Em outras

---

47. Conforme vimos no capítulo 2.
48. WISNEWSKI, *Wittgenstein and Ethical Inquiry*, 2007, xv, tradução nossa.

palavras, o que Wisnewski propõe como modo de compatibilizar as duas teorias é percebê-las como complementares, visto que, enquanto o imperativo categórico nos esclarece sobre a racionalidade prática, o princípio da utilidade nos esclareceria a respeito da felicidade humana.

Ao propor uma ética que não contenha guias de ação ou quaisquer tentativas de nos dizer como agir, mas que atue como clarificatória, na medida em que nos faria compreender a dimensão moral de nossa forma de vida, Wisnewski se oporia à proposta de Beauchamp e Childress, visto que essa traz guias de ação para a bioética.

4.3.4. Uma leitura "clarificatória" (ou wittgensteiniana) dos princípios

Com este trabalho apresentei, até então, vários aspectos da visão de ética de Wittgenstein, bem como reflexões acerca da proposta principialista, elucidando, ao longo do estudo, de que formas poderíamos ver a bioética a partir desse autor, o que perpassa a discussão sobre sua posição antiteórica em relação à ética e à distinção entre fatos e valores, essencial para que não se aplique uma visão cientificista sobre a ética.

Da mesma forma, foi mostrado, a partir da discussão sobre seguir regras, que uma visão algorítmica de ética não seria apropriada e que princípios absolutos não são uma maneira adequada de pensarmos nos dilemas morais. Com isso, chegamos à proposta de Wisnewski, que wittgensteinianamente propõe uma ética clarificatória, na qual princípios e regras sejam considerados como constitutivos e nos tragam elucidações sobre os aspectos éticos de nossas vidas, e não guias de ação que nos deem fórmulas de como agir corretamente.

Apesar de a proposta de Wisnewski parecer, em um primeiro momento, extrema, por desconsiderar quaisquer tentativas de tornar a ética algo útil, no sentido de nos dizer como agir em cada situação, é, possivelmente, o mesmo impacto que uma primeira leitura de Wittgenstein provoca. Uma crítica à ética como aplicação algorítmica de princípios e regras, e posterior elogio à ética de virtudes, mostra em Wisnewski um profundo conhecimento e apreensão da obra de Wittgenstein; aspectos que contribuíram para a elaboração das críticas e propostas à bioética analisadas neste trabalho.

Em seu livro *Wittgenstein and Ethical Inquiry: a Defense of Ethics as Clarification,* Wisnewski relembra que Wittgenstein se opõe a sistemas éticos que pretendam ser capazes de nos dizer como agir, e que a pretensão da ética de propor valores absolutos é uma meta que jamais poderá ser alcançada[49]. Por ter esse aspecto em mente, Wisnewski, após diferenciar o que sejam regras regulativas e constitutivas, nos mostra que, wittgensteinianamente, a única leitura possível do imperativo categórico e do princípio da utilidade seria como princípios constitutivos. Isso faz com que descartemos a ideia de teorias éticas que nos digam como agir, pois a função da ética destacada por Wisnewski, a partir de Wittgenstein, seria de nos mostrar algo a respeito de nosso modo de agir no mundo, e, considerando que não haja valores absolutos, como desta-

---

49. Cf. WISNEWSKI, *Wittgenstein and Ethical Inquiry*, 2007, 69.

cado por Wittgenstein na *Conferência sobre Ética*, o autor nos indica um caminho diferente: de pensar a ética sem a defesa de princípios absolutos e dando mais atenção às virtudes.

Então, assim como Wisnewski defendeu, conforme mostramos anteriormente, uma leitura do utilitarismo e do imperativo categórico como princípios constitutivos, lançamos aqui a ideia de que uma leitura clarificatória do principialismo seria de grande valia para a elucidação do que vem a ser a bioética hoje. Embora, à primeira vista, a proposta de uma ética puramente "clarificatória" pareça criticar o principialismo como um todo, desprezando sua utilidade e seu papel na bioética, temos ainda outra possibilidade a ser examinada, que seria uma releitura dos princípios a partir da abordagem ética de Wisnewski. Pois, assim como o princípio de utilidade e o imperativo categórico foram lidos por esse autor sob uma perspectiva clarificatória, que eliminava seus traços de guias de ação ou de princípios absolutos, é possível fazer uma leitura clarificatória dos princípios propostos por Beauchamp e Childress. Diríamos, aliás, que essa empreitada se torna bem mais razoável, na medida em que o principialismo inclui em sua abordagem um diferencial quanto ao princípio da utilidade e ao imperativo categórico: os princípios de autonomia, beneficência, não maleficência e justiça têm caráter *prima facie*. Essa característica já os torna mais compatíveis com a ideia de uma ética clarificatória de Wisnewski, na medida em que eles não são postos como princípios absolutos nem oferecem uma fórmula algorítmica de aplicação. Como já examinamos em seções anteriores, os princípios não dizem o que fazer, apenas mostram fatores que devem ser considerados, de modo que podem ser lidos como princípios constitutivos e não reguladores. Assim, a forma de um princípio regulativo citada por Wisnewski, de que "x vale como y no contexto c"[50], seria, no caso do principialismo, por exemplo, se tratando do princípio da autonomia, algo do tipo "o princípio da autonomia (x) vale como clarificação (y) contexto do pluralismo/niilismo moral na sociedade democrática e laica (c)".

Outro ponto que gostaríamos de salientar é que o principialismo traz uma proposta semelhante à de Wisnewski, na medida em que ambos buscam compatibilizar duas abordagens costumeiramente tidas como conflitantes: a deontológica e a utilitarista. O principialismo tornou essas duas visões compatíveis devido a algumas transformações e fatores agregados, como no caso do papel que teve o princípio da utilidade, conforme a leitura feita por Beauchamp e Childress, na composição do princípio da beneficência. Como vimos no capítulo 2, o que os autores promoveram não foi uma mera fusão de suas crenças deontológicas e utilitaristas, até mesmo porque sabemos que essas são costumeiramente consideradas antagônicas. Houve uma releitura de suas visões, adaptando-as à necessidade de uma abordagem bioética que compreendesse a realidade pluralista da sociedade ocidental, ou ao menos da sociedade estadunidense, de modo que elas se complementaram e deram origem aos princípios.

Embora tenha havido críticas a esses princípios por não serem suficientes para resolver casos mais complexos, sua função norteadora é reconhecida até hoje, o que nos ajuda na tentativa de uma leitura do principialismo como

---

50. Ibid., 40.

uma regra constitutiva e não regulativa, o que o afastaria de muitas críticas.

Pela leitura que Wisnewski faz de Kant e Mill, ambos teriam como objetivo clarificar alguma coisa sobre a condição humana, como, por exemplo, em Kant, a exigência dos deveres sobre nós, e, em Mill, enfatizar como o caráter é formado e qual seria a formação correta, o que possibilitaria a compatibilização das duas abordagens, que, embora tratem de pontos diferentes, trazem um esclarecimento acerca de algum aspecto de nossa moralidade e de como ela se constitui.

Quanto ao principialismo, uma leitura wisnewskiana ou clarificatória poderia trazer, de forma ainda mais abrangente do que por meio do utilitarismo ou do imperativo categórico, a elucidação de muitos elementos de nossa moralidade, como o aspecto comum na sociedade ocidental em concordar que devemos fazer o bem, evitar o mal, sermos justos e respeitar a autonomia das pessoas, embora, em cada situação, um desses itens possa ter maior importância. Ou seja, por meio de uma leitura clarificatória do principialismo, poderíamos perceber em Beauchamp e Childress cada princípio exercendo o papel de elucidar algo que é constitutivo da moral, trazendo grandes contribuições à bioética; de modo que, embora, em um primeiro momento, a posição de Wisnewski pareça ser totalmente antagônica ao principialismo (assim como as propostas de Kant e Mill), pode se tornar uma nova forma de ler os princípios, que não seja de uma maneira tão pragmática, como é feita por alguns comentadores.

Essa leitura clarificatória afastaria muitas das críticas feitas ao principialismo, pois essas só têm sentido no contexto pragmático que toma os princípios como guias de ação, os quais nos diriam exatamente como agir, o que mostramos não ser o caso, pois eles funcionam como guias gerais, e, dependendo de qual dos princípios for aplicado e de que forma, pode levar às mais diversas decisões.

As contribuições de Wisnewski, inspiradas no pensamento de Wittgenstein, possibilitam não apenas uma leitura clarificatória dos princípios de Beauchamp e Childress, mas também a abordagem do papel da filosofia ante a bioética hoje, visto que, como escreveu Wittgenstein nas *Investigações*: "Estes problemas não são solucionados pelo ensino de uma nova experiência, mas pela combinação do que há muito já se conhece. A filosofia é uma luta contra o enfeitiçamento de nosso intelecto pelos meios de nossa linguagem"[51].

Assim, Wittgenstein nos indica que, ao invés de propor novas teorias éticas, que, como analisamos, não podem exercer o papel regulativo que pretendem, precisamos perceber o que tem sido (mal) utilizado em nossa linguagem moral, pois nossa investigação em filosofia, conforme ele salienta, é gramatical. E sobre os maus usos da linguagem quanto à moral, acreditamos ter apresentado muitos exemplos ao longo deste trabalho, aos quais acrescentamos as que seriam, ao nosso ver, abordagens mais adequadas.

Ao refletir tanto sobre o principialismo quanto sobre outras tantas outras vertentes de pensamento bioético que surgiram depois dele, podemos perceber o quanto essa tendência humana de correr contra os limites da linguagem, e querer de algum modo compreender mais os valores

---

51. Id., *Investigações filosóficas*, 1996, §109.

humanos e suas buscas por sentido, se manifesta em diferentes tempos e culturas. A variedade de abordagens bioéticas, fora as que nem foram apresentadas aqui, apenas nos confirma o *status* da ética esclarecido por Wittgenstein e a impossibilidade de uma ética universal, visto que cada nação ou cultura terá seus jogos de linguagem, ainda que possamos perceber semelhanças de família.

Ao nos mostrar a ética como sendo distinta do campo da ciência, poderíamos dizer que a abordagem wittgensteiniana encoraja que as diferentes culturas percebam seus valores e práticas, e, a partir deles, vivenciem suas buscas por sentido, não havendo essa necessidade ou mesmo possibilidade de enquadramento em uma ética ou padrão de bem e bom universal, nem mesmo do belo, já que, para Wittgenstein, ética e estética são uma só, isto é, partilham características.

Considerações finais

Partindo do pensamento de Wittgenstein, este livro se debruçou sobre a tarefa de clarificar o entendimento sobre bioética e justificação, a partir dos temas ética, anticientificismo, e a importância da ética no pensamento do referido autor, bem como mostrar de que forma a ética se firma como algo importante e central em nossas vidas, mesmo com seu caráter não factual e não teorizável. Também foram pontuadas as limitações da ciência e da técnica quanto à busca de sentido para a existência, consolidando mais uma vez o papel da ética, tendo em conta que alguns leitores de Wittgenstein acreditam que, ao escrever que não existem proposições na ética, o autor estaria decretando o fim da ética ou um desmerecimento desta.

Por meio da comparação dos escritos de Kripke e de Baker e Hacker, foi trazida a discussão wittgensteiniana a respeito de seguir regras, pois, contrapondo o ceticismo de regras e a defesa da determinação delas, deixei claro o que considerei ser o ponto central da ideia de Wittgenstein, quando ele escreve: "Nossas regras têm lacunas e a prática tem que falar por si mesma"[1], ou seja, que precisamos de

---

1. Id., *Da certeza*, 1969, §139.

algo além da regra, pois as regras nunca vão conseguir abordar todas as particularidades de cada caso clínico, de modo que teríamos que criar regras muito específicas para cada situação. Isso faria com que tivéssemos infinitas regras para que elas pudessem se adequar perfeitamente a cada caso, e a cada momento surgiriam novas regras, assim como surgem novas situações. Para que isso não aconteça, nem se chegue a um indeterminismo, ou mesmo, como em Kripke, a um ceticismo de regras, passei a analisar o que seria esse "algo além da regra", tão necessário para que a regra seja aplicada corretamente.

Para James Nelson, que percebeu tão bem essa indicação wittgensteiniana de que era necessário algo além da regra, a resposta seria a experiência e a virtude, conforme vimos no capítulo 2. E, embora eu tenha simpatizado bastante com essa visão de Nelson, por ter dado bastante atenção a um exame do papel das práticas na aplicação de regras, considero um tanto quanto vagas suas considerações, assim como as de Elliott, que propunha um niilismo normal, no qual esse "algo além" seria estar ciente do pluralismo cultural e respeitar as diferenças. Esses autores analisaram de forma muito interessante a discussão sobre seguir regras e elucidaram pontos extremamente relevantes para refletirmos a respeito da bioética, mas considero que ainda deixaram algo a desejar quanto ao que fazer depois de identificar que as regras têm lacunas e que vivemos em sociedades pluralistas onde devemos levar em conta as crenças e culturas diferentes, por exemplo.

Com isso, reforcei a leitura de Wittgenstein de que as regras possuem um conteúdo normativo, ou seja, que são determinadas, e, mesmo assim, que elas não podem ser aplicadas algoritmicamente, pois não são tais como as regras de cálculo.

Então, tendo examinado nas *Investigações* essas peculiaridades da visão de Wittgenstein sobre seguir regras, fiz uma análise crítica de um exemplo de proposta que supriria essa necessidade de "algo além da regra", ao menos em um contexto cultural específico. Essa proposta poderia ajudar na aplicação correta das regras sem que tivéssemos de nos comprometer com alguma espécie de empirismo que baseasse o conhecimento de como seguir a regra na experiência e na observação de sua aplicação em casos anteriores: o principialismo.

Os princípios serviriam como guias de ação, ou seja, eles atuam como guias na aplicação das regras, impedindo que estas sejam aplicadas algoritmicamente, e garantem uma prática clínica mais justa e que respeite a autonomia dos pacientes. Desse modo, mesmo que os princípios ou outras abordagens como a de Pellegrino ou Engelhardt não possam trazer respostas definitivas para os dilemas éticos, podem, ainda assim, assegurar o debate e ampliar significativamente nossa percepção das coisas, auxiliando nas discussões e buscando garantir que ocorram debates antes das práticas médicas, e que essas possam ser mais humanizadas.

Quanto à tarefa elucidativa da filosofia apontada por Wittgenstein, este livro perpassou por questões metaéticas e éticas, questionando desde a possibilidade das teorias éticas e do conhecimento ético nos moldes da ciência, até questões de ética normativa, pois discutiu-se sobre o papel dos princípios e das virtudes na busca de critérios para o que chamaria de uma prática médica mais justa, que não se valha de um princípio único, mas que parta do pressuposto de que vivemos em sociedades pluralistas; e o mesmo ocorre com os princípios que podem guiar as práticas médicas nessas sociedades.

Após comparações entre várias teorias éticas, tendo a pensar que o principialismo, como uma proposta que considera os princípios *prima facie*, pode ser uma opção wittgensteinianamente viável, dado que a prática médica carece de algo que auxilie a resolução de dilemas éticos sem que haja uma aplicação algorítmica de regras ou que se torne um casuísmo, no sentido de que "cada caso é um caso", o que pode encorajar práticas de tratamentos desiguais e injustos. Além do que, se pensarmos que as práticas médicas são convencionadas, que a morte de um ser humano antes era constatada pela parada do coração, e hoje é pela morte encefálica, que o modelo médico pode ser alterado e que não há uma verdade sobre a morte, mas uma convenção, podemos aceitar melhor a abordagem wittgensteiniana da bioética, proposta por este trabalho.

Depois de repensar o problema dos dilemas clínicos na área de bioética e rever algumas teorias éticas importantes, que visam dar conta de todo o âmbito moral, minhas investigações me levaram observar que uma teoria ética, por mais bem-intencionada que seja, pouco ou nada nos ajuda nos dilemas éticos, pois na bioética trata-se de pessoas, doenças e situações únicas, com todas as suas particularidades, que acabariam sendo desprezadas se houvesse a mera aplicação algorítmica de regras. Seria necessário fazer uma leitura clarificatória dessas teorias, despindo-as de seu caráter regulativo e considerando-as como regras constitutivas, conforme esclarece Wisnewski[2].

---

2. Id., *Wittgenstein and Ethical Inquiry*, 2007.

Para endossar essa reflexão, a discussão de James Nelson sobre julgamento especializado trouxe esclarecimentos acerca de como, na bioética, podemos considerar que as regras têm lacunas, salientando o papel das práticas e acrescentando, ainda, a defesa de alguns autores a respeito do papel das virtudes e da experiência para a aplicação de regras; por fim, chegou-se à abordagem principialista, que sistematiza os princípios como guias para que a aplicação de regras seja feita corretamente.

A bioética, assim como a ética, de modo geral, é, como diria Wittgenstein, uma questão pessoal, e não algo imposto externamente. A construção de uma teoria ética abrangente o suficiente para levar em conta todas as diferentes formas de vida, em diferentes lugares e tempos, me parece uma tarefa não só impossível, mas também de pouca serventia. O papel da filosofia ante a bioética é fazer um levantamento do maior número possível dos fatores envolvidos em um caso clínico, percebendo os interesses do paciente, de seus familiares e do médico. Para esse autor, ética era uma questão de caráter, e não algo baseado na generalização; e uma ética feita nos moldes do método científico em nada contribui para o que se possa chamar de filosofia ou mesmo de ética, pois o âmbito da ética, conforme examinado, não é algo que se possa analisar, como os objetos da ciência.

No capítulo 4, detive-me a mostrar, a partir do que foi analisado nos capítulos anteriores, que contribuições, além das apresentadas no capítulo 1, Wittgenstein traz à abordagem principialista, apresentando também algumas das críticas mais frequentes feitas a essa abordagem, por Beauchamp e Childress, bem como por Pellegrino e Engelhardt.

Ainda que os aspectos mais teóricos tenham sido discutidos, sobre seguir regras, os tipos de teoria moral, o *status* da ética para Wittgenstein, o anticientificismo em relação à ética e o papel da filosofia, a intenção deste livro foi trazer não apenas esclarecimentos filosóficos, mas também uma base para as práticas e o reconhecimento da pluralidade cultural e da diversidade de valores defendidos por diferentes grupos de pessoas, e o quanto isso deve ser respeitado nas práticas clínicas, e não só nelas.

Questões pontuais trazidas pelos comentadores de Wittgenstein, como as das crianças com anencefalia e dos estados vegetativos persistentes, hoje possuem novas nuances. Artigos científicos têm apontado para a possibilidade de consciência em algum grau nesses pacientes em estado vegetativo.

Contudo, a reflexão filosófica e as implicações bioéticas persistem: o que será certo ou errado de se fazer, do ponto de vista moral, terá muito mais a ver com a cultura em que os pacientes e familiares estão inseridos do que com um conceito científico. O uso que se faz das palavras, o entendimento e as crenças de cada comunidade, sempre devem ser alvos de consideração de profissionais da saúde, juntamente com todo seu conhecimento da medicina enquanto ciência. Nestes termos afirmava o médico Edmund Pellegrino: "A medicina é a mais humana das ciências e a mais científica das humanidades".

Referências bibliográficas

ARISTÓTELES. *Ética a Nicômaco*. Trad. Mário da Gama Kury. Brasília: UnB, 1999.

AYER, A. J. *Wittgenstein*. New York: Random House, 1985.

BAKER, G. P.; HACKER, P. M. S. *Scepticism, Rules and Language*. Oxford: Basil Blackwell, 1984.

BAUMAN, Z. *Globalização. As consequências humanas*. Trad. Marcus Penchel. Rio de Janeiro: Jorge Zahar, 1999.

BEAUCHAMP, T. L.; CHILDRESS, J. F. *Principles of Biomedical Ethics*. New York: Oxford University Press, [5]2001.

_____. *Princípios de ética biomédica*. Trad. Luciana Pudenzi. São Paulo: Loyola, [4]2002.

BERLINGUER, G. *Ética da saúde*. São Paulo: HUCITEC, 1996.

_____. *Questões de vida. Ética, ciência, saúde*. Trad. Maria Patricia de Saboia Orrico e Shirley Morales Gonçalves. Salvador: APCE; São Paulo: HUCITEC; Londrina, PR: CEBES, 1993.

BERNARD, J. *A bioética*. Trad. Paulo Goya. São Paulo: Ática, 1998.

CAPONI, G. A., LEOPARDI, M. T.; CAPONI, S. (Org.). A saúde como desafio ético. *Anais do I Seminário Interna-*

cional de Filosofia e Saúde. Florianópolis, SC: Sociedade de Estudos em Filosofia e Saúde, 1995.

COSTA, C. F. *Filosofia analítica*. Rio de Janeiro: Tempo Brasileiro, 1992.

COSTA, S. I. F.; OSELKA, G.; GARRAFA, V. (Org.). *Iniciação à bioética*. Brasília: Conselho Federal de Medicina, 1998.

COUTINHO, L. M. *Código de ética médica comentado*. São Paulo: Saraiva, ²1994.

CRARY, A.; RUPERT, R. (Ed.). *The New Wittgenstein*. London: Routledge, 2000.

CRISP, R. *Mill on Utilitarianism*. London/New York: Routledge, 1997.

CUTER, J. V. G. A ética do *Tractatus. Analytica*, v. 7, n. 2 (2003).

DALL'AGNOL, D. As observações de Wittgenstein sobre seguir regras e a tese da indeterminação do direito. In: PINZANI, A.; DUTRA, D. (Org.). *Habermas em discussão. Anais do Colóquio Habermas*. Florianópolis: NEFIPO, 2005.

_____. *Bioética. Princípios morais e aplicações*. Rio de Janeiro: DP&A, 2004.

_____. *Bioética*. Rio de Janeiro: Zahar, 2005.

DE BONI, L. A.; JACOB, G.; SALZANO, F. (Org.) *Ética e genética*. Porto Alegre: EDIPUCRS, 1998.

DELGADO, P. L. S. M. *Introducción a Wittgenstein. Sujeto, mente y conduta*. Barcelona: Herder, 1986.

DESCARTES, R. *Discurso do método*. Trad. J. Guinsburg e Bento Prado Júnior. São Paulo: Abril Cultural, 1996. (Os Pensadores).

____. *Meditações*. Trad. Bento Prado Jr. São Paulo: Abril Cultural, 1973. (Os Pensadores).

DIAS, M. C. *Os limites da linguagem*. Rio de Janeiro: Relume Dumará, 2000.

ELLIOTT, C. *A Philosophical Disease. Bioethics, Culture and Identity*. New York/London: Routledge, 1999.

____ (Org.). *Slow Cures and Bad Philosophers*. Durham/London: Duke University Press, 2001.

ENGELHARDT JR., T. H. *Fundamentos de bioética*. Trad. José A. Ceschin. São Paulo: Loyola, 1998.

FEITOSA, S. F.; NASCIMENTO, W. F. A bioética de intervenção no contexto do pensamento latino-americano contemporâneo. *Revista Bioética*, São Paulo, v. 23, n. 2, (2015) 277-284. Disponível em: https://revistabioetica.cfm.org.br/index.php/revista_bioetica/article/view/1037/1259. Acesso em: set. 2024.

FOGELIN, R. *Wittgenstein*. London: Routledge/Kegan Paul, 1987.

GALIMBERTI, U. *Psiche e techne. L'uomo nell'età della tecnica*. Trad. Selvino J. Assmann. Roma: Feltrinelli, 2003.

GARRAFA, V.; PORTO, D. Bioética, poder e injustiça: por uma ética de intervenção. *Mundo saúde*; v. 26, n. 1, (jan.-mar. 2002), 6-15.

GIANOTTI, J. A. *Apresentação do mundo. Considerações sobre o pensamento de Ludwig Wittgenstein*. São Paulo: Companhia das Letras, 1995.

GLOCK, H.-J. *Dicionário Wittgenstein*. Trad. Helena Martins. Rio de Janeiro: Jorge Zahar, 1998.

HANFLING, O. *Wittgenstein and the Human Form of Life*. London: Routledge, 2002.

HEIDEGGER, M. A questão da técnica [*Die Frage nach der Technik*]. Trad. Marco Aurélio Werle. *Cadernos de Tradução*, Departamento de Filosofia, Universidade de São Paulo, n. 2, 1997.

JANIK, A.; TOULMIN, S. *La Viena de Wittgenstein*. Trad. Ignacio Gómez de Liaño. Madrid: Taurus, 1983.

Jeremy Bentham, John Stuart Mill. Trad. Luiz João Baraúna, João Marcos Coelho e Pablo Rúben Mariconda. São Paulo: Abril Cultural, 1979. (Os Pensadores).

JOHNSTON, P. *Wittgenstein and Moral Philosophy*. London: Routledge, 1989.

JONAS, H. *El principio de responsabilidad*. Trad. Andrés Sánches Pascual. Barcelona: Herder, 1994.

JONSEN, A. R.; SIEGLER, M.; WINSLADE, W. J. *Clinical Ethics*. New York: McGraw-Hill, ^{4}1998.

JUNGES, J. R. Exigências éticas do consentimento informado. *Revista Bioética*, Brasília: Conselho Federal de Medicina, v. 15, n. 1 (2007) 77.

KANT, I. *Crítica da razão prática*. Trad. Artur Morão. Lisboa: Edições 70, 1997.

_____. *Crítica da razão pura*. Trad. Valerio Rohden e Udo Baldur Moosburger. São Paulo: Abril Cultural, 1996. (Os Pensadores).

KENNY, A. *Wittgenstein*. Middlesex: The Penguin Press, 1972.

KLUGMAN, M. C. The Bioethicist. Superhero or Supervillain? *ASBH Exchange*, v. 10, n. 1, 2007.

KRIPKE, S. A. *Wittgenstein on Rules and Private Language*. Oxford: Basil Blackwell, 1989.

LANDIM, R. F. Sentido e verdade no *Tractatus* de Wittgenstein. *Síntese*, Belo Horizonte, v. VIII, n. 22 (maio/ago. 1981).

LEICH, C. *Wittgenstein. To follow a rule*. London: Routledge, 1981.
LOPARIC, Z. Sobre a ética em Heidegger e Wittgenstein. *Natureza Humana: Revista Internacional de Filosofia e práticas psicoterápicas*, São Paulo: Educ, 1999.
MALCOLM, N. *Ludwig Wittgenstein. A memoir*. London/ New York: Oxford University Press, 1958.
MARGUTI PINTO, P. R. *Iniciação ao silêncio. Análise do* Tractatus *de Wittgenstein*. São Paulo: Loyola, 1998.
MARTÍNEZ, H. L. *Subjetividade e silêncio no "Tractatus" de Wittgenstein*. Cascavel, PR: Edunioeste, 2001.
MCDOWELL, J. Non-Cognitivism and Rule-Following. In: HOLTZMAN, S.; MCGINN, C. *Wittgenstein on Meaning*. Oxford: Blackwell, 1984.
MILL, J. S. *Utilitarianism*. New York: Prometheus Books, 1987.
MONK, R. *Ludwig Wittgenstein. The Duty of Genius*. New York/London: Penguin Books, 1990.
MORENO, A. *Wittgenstein através das imagens*. Campinas: Edunicamp, 1993.
NETO, B. P. *Fenomenologia em Wittgenstein. Tempo, cor e figuração*. Rio de Janeiro: UFRJ, 2003.
NIETZSCHE, F. *A gaia ciência*. Trad. Paulo César de Souza. São Paulo: Companhia das Letras, 2001.
NORONHA MACHADO, A. A terapia metafísica do *Tractatus* de Wittgenstein. *Cadernos Wittgenstein*, São Paulo, n. 2 (2002) 5-57.
PEARS, D. *As ideias de Wittgenstein*. Trad. Octanny Silveira da Mota e Leônidas Hegenberg. São Paulo: Cultrix, 1973.

PEARS, D. Wittgenstein's Account of Rule-Following. *Synthese*, v. 87 (1991).

PELLEGRINO, E. D. La relación entre la autonomía y la integridad en la ética médica. In: ORGANIZACIÓN PANAMERICANA DE LA SALUD. *Bioética. Temas y perspectivas.* Washington, 1990.

PELLEGRINO, E. D.; THOMASMA, D. C. *The Cristian Virtues in Medical Practice.* Washington: Georgetown University Press, 1996.

_____. The Virtuous Physician, and the Ethics of Medicine. In: SHELP, E. E. (Ed.). *Virtue and Medicine*, Boston: D. Reidel Publishing Company, v. 17 (1985).

PERES, D. O. (Org.). *Ensaios de filosofia moderna e contemporânea: Maquiavel, Descartes, Kant, Nietzsche, Wittgenstein, Deleuze.* Cascavel, PR: Edunioeste, 2001.

PESSINI, L.; BARCHIFONTAINE, C. *Problemas atuais de bioética.* São Paulo: Loyola, ⁵2000.

PROCTOR, G. L. Scientific Laws and Scientific Objects in the *Tractatus*. Essays on Wittgenstein's Tractatus. COPI, I. M.; BEARD, R. W. (Org.). London: Routledge/Kegan Paul, 1966.

POTTER, V. R. *Bioethics. Bridge to the Future.* New Jersey: Prentice-Hall/Englewood, 1971.

REMEN, R. N. *O paciente como ser humano.* Trad. Denise Bolanho. São Paulo: Summus, 1993.

RHEES, R. Some Developments in Wittgenstein's View of Ethics. *The Philosophical Review*, v. 74 (1965).

ROCHA, D. M. *O fracasso das teorias éticas. Uma análise a partir de Wittgenstein.* Disponível em: https://revistas.

unicentro.br/index.php/guaiaraca/article/view/1847. Acesso em: set. 2024.

RODRIGUES, S. *Direito civil*. São Paulo: Saraiva, 2001.

SANTOS, B. S.; MENESES, M. P. (Org.). *Epistemologias do Sul*. Almedina: Coimbra, 2009.

SCARRE, G. *Utilitarism*. London/New York: Routledge, 1996.

SCHOPENHAUER, A. *O mundo como vontade e representação*. Trad. M. F. Sá Correa. Rio de Janeiro: Contraponto, 2001.

SPENGLER, O. *A decadência do Ocidente*. Trad. Herbert Caro. Rio de Janeiro: Zahar, 1982.

_____. *O homem e a técnica*. Trad. Erico Veríssimo. Porto Alegre: Meridiano, 1941.

STENIUS, E. *Wittgenstein's Tractatus. A Critical Exposition of its Main Lines of Thought*. Oxford: Basil Blackwell, 1984.

THOMASMA, D. C., KISSELL, J. L. (Ed.). *The Health Care Professional as Friend and Healer. Building on the work of Edmund D. Pellegrino*. Washington: Georgetown University Press, 2000.

VALLE, B. *Wittgenstein. A forma do silêncio e a forma da palavra*. Curitiba: Ed. Universitária, 2003.

WESTPHAL, E. R. *O oitavo dia. Na era da seleção artificial*. São Bento do Sul, SC: União Cristã, 2004.

WILLIAMS, B. Wittgenstein and Idealism. In: WILLIAMS, B. *Moral Luck*. New York: Cambridge University Press, 1991, 144-163.

WISNEWSKI, J. J. *Wittgenstein and Ethical Inquiry. A Defense of Ethics as Clarification*. London: Continuum, 2007.

WITTGENSTEIN, L. Conferência sobre Ética. Trad. Darlei Dall'Agnol. In: DALL'AGNOL, D. *Ética e linguagem*.

Uma introdução ao Tractatus *de Wittgenstein*. Florianópolis: Edufsc, ³2005.

_____. *Culture and Value*. Trad. Peter Winch. Chicago: University of Chicago Press, 1984.

_____. *Da certeza* [*Über Gewissheit*]. Trad. Maria Elisa Costa. Rio de Janeiro: Edições 70, 1969.

_____. *Das Blaue Buch*. Frankfurt: Suhrkamp, 1989.

_____. *Investigações filosóficas*. Trad. Marcos G. Montagnoli. São Paulo: Nova Cultural, 1996.

_____. *Tractatus Logico-Philosophicus*. Trad. Luiz Henrique Lopes dos Santos. São Paulo: Edusp, 1993.

_____. *Zettel*. Trad. G. E. M. Ascombe. Oxford: Basil Blackwell, ²1990.

Edições Loyola

editoração impressão acabamento
Rua 1822 nº 341 – Ipiranga
04216-000 São Paulo, SP
T 55 11 3385 8500/8501, 2063 4275
www.loyola.com.br